鉄のシルクロード

窪田藏郎著

雄山閣

鉄のシルクロード／目　次

【表紙写真説明】旧式の革製蛇腹吹子を使っているトルコ・サフランボス市に残る鍛冶屋の工房
Doğu MERMERCİ氏撮影

まえがき

前著の『シルクロード鉄物語』を書いて早くも五年が経過した。その後に調査が不十分だった点を補充しようとして、何回か取材旅行に出掛けて写真を撮影したり、資料を集めて原稿を書き足した。イラク、西トルコ、モンゴルなどの鉄と密接な関係のある遺跡である。とくにイラクは湾岸戦争の後遺症があるうえに、一触即発の危険な状態にあって簡単には入国できなかったが、このイラク北半分の地は古代の鉄文化を知るために、どうしても現地を見ておく必要があった。そうしたわけで無理を承知で出掛けたが、しかしモスールの博物館は閉鎖、バクダッド博物館もわずか二室のみ展示という有様で、旅の終わり近くには空爆再開の風雲急な情報が入ってきて、急遽イランのケルマンシャーに出て帰国する始末であった（平成九年十一月）。

だが不完全でもシルクロードの鉄、否アイアンロードの鉄を語るには、この史上名高いアッシリアの地を欠いていたのでは、画竜点睛を欠く恨みがある。そうした点からこの地を中心として、文化年代の面で疑問のあるトルコの西部地域など、前著で触れられなかった部分を補う目的で記述したのが本書である。また鉄文化発祥の地とも核とも言うべき、東南トルコのフルリ・ミタンニの地域は、大部分が治安の定まらないクルド人居住地帯であり、調査研究も進んでおらず、今後に残された課題の地である。こうした場所を十分とは言えないが、問題提起の意味も含めて印象をまとめ付け加えておいた。

人類が使っている金属の九五パーセントを占めている鉄の歴史、それは未だに隕鉄から人工鉄への推移・経緯も、また粘土板文書などから推測される生産の創始も、完全に判ったとは言えないのが実情である。古代社会を築き上げた各種素材文化の一つとしての鉄、それは強権豪圧で我が物と管理していた大国の様相は判りはじめても、その下で過酷な製錬作業や鍛造労働などに呻吟した、悲運の工人の姿はほとんど浮かんできていないのである。こうした人々が培ってきた歴史をどのようにしたら解明できるのか、それは二十一世紀にこの道を志される若い方々にお願いしたいテーマである。

最後に鉄の歴史に転んだアマチュアの著者を、後半の二十余年にわたり励まし続けてくださった、金属博物館名誉館長の今井勇之進先生と館長の和泉修先生、陰から新情報や文献資料を提供してくださった学芸員の野崎準氏に心から感謝いたします。また『鉄の考古学』発刊以降本書に至るまで、長い間何かとご支援くださった、宮島了誠編集長をはじめ雄山閣編集部の各位に厚く御礼申し上げます。

再校作業中の九月十八日に今井先生の訃報に接し、本書をご覧戴けなかったことが痛恨の極みです。

平成十三年八月十七日

窪田　藏郎

第一章　鉄産はゴビの彼方に

大草原の国モンゴル

モンゴル人民共和国はユーラシア内陸乾燥地帯の東部にある。日本の四倍程度の一五六万五〇〇〇平方キロメートルという面積の国土に、わずか二二〇万人という希薄な人口である。また人口一人当たりの家畜は一二頭という国柄である。人種的には蒙古族の由来ははっきりしていないが、地理的にみるとツングース系とトルコ系、それに南部の漢族系などとの接点に位置している。昔から草や水のあるところを選んで移動しながら、飼いならした馬や駱駝に乗り、犬を使って大草原のここかしこで羊や山羊などを飼い、羊毛の不織布《フェルト》でできている簡易組立住宅（包《ゲル》）を造り、これに住んできた。彼らの生活に欠くことのできない必需物資である食糧や衣料は、ほとんど羊肉・馬乳酒・毛皮・絨毯などと交換によって調達されていた。このような住民が掠奪・侵攻を常とする遊牧騎馬民族へと変貌したのは、どうもスキタイ系の鉄剣や鉄鏃を装備した軍団が、紀元前五〜四世紀頃に怒濤のように東進してきて、この地の原住民に対し略奪を恣《ほしいまま》にした影響と考えられる。さらにその後もこの地方の民族の興亡は常ならず、勿《もっ》吉《きち》・靺鞨《まっかつ》と推移していき、やがて国家の組織が整えられて渤海《ぼっかい》へと変わった。それが契丹《きったん》に滅ぼされた

フェルト製の包《ゲル》と亜鉛鉄板の屋根が共存（ウランバートル市）

とき隷属していた女真《じょしん》族は、その凋落とともに遼《りょう》（契丹が改称）の支配下に入った。このときの女真を構成していた一派に黒水靺鞨《こくすいまっかつ》があり、鉄利《てつり》という民族もその中の一グループであった。

それら西側地域の丁霊《チュルク》・堅昆《キルギス》などの製鉄民族が西南下し、後に世界の五分の一を席捲し、敵対したものには峻烈無比、残虐の限りを尽くした、チンギス・カン（一一六七〜一二二七）の故国であることは周知のところである。チンギス・カン（在位一二〇六〜一二二七）は王名であって、幼名のテムジン（鉄木真）は、精鍛された鉄という意味である。

さて、シルクロードを歩いていて気付くことは、遊牧民は本当に日本人の持っているような土地・家・家具・衣類といったものに対する執着心が全くないということである。モンゴルでは王侯ともなれば話は別であろうが、部族構成員はほとんど同じであり、中堅階級も同様なのである。したがって古来ある程度の地位についた家でも、子孫に伝えたようなものは家畜だけで、鉄の製品としては武器以外はわずかに銀装の小刀と火打鉄、それに馬の銜《くつわ》程度にすぎない。さらに加えるならば幾つかの厨房具・斧と鍬くらいのものであろう。

いずれにしても長期にわたりラマ僧（チベット仏教）と領主、それに商人などによって富は収奪されてきた。さらに近年はソ連の半統治下にあり、革命でソ連からロシアに変わり彼らが撤退してから、その影響はかなり希薄になったが、依然生活水準は低く、鉄の消費量はまだまだ少ない。

滑走路もない南ゴビの空港

オルホン河畔を製鉄民族は――

ロシア・バイカル湖東南のウランウデ付近から、同湖に流れ込む河をセレンガ河という。セレは明らかにツングース語系の鉄を意味する言葉である。したがってロシア領のバイカル湖南部には鉄鉱石の産出が多い。しかしこれが一歩モンゴル領に入ると、調査の不備かもしれないがほとんどないようである。鉄の名を冠したこの河は最も北側を流れ、そこから派生したオルホン河やエギーン河・トーラ河などと、蒙古領には東洋史で懐かしい名称が次々に現れてくる。

この何筋もの本支流に沿って古代トルコ系の丁霊《チュルク》・堅昆《キルギス》などの騎馬集団が、近隣の情勢を窺いながら西南へと進んで行ったのである。その主体は五〜六世紀頃のことであろうが、以前からそうした動きは少しずつでもあったはずである。東南や南を目指さなかったのは、おそらくザバイカル地域から南方の蒙古へ入った地帯の東側にはブリヤート系の種族が割拠し、南はまだ勇猛をもって知られた匈奴が、南ゴビから漠北・オルドス（内蒙古自治区にあり、陝西・甘粛両省の北側）その他に残存し、最盛期を過ぎてもまだ局部的に威勢を張っていたからであろう。また、それに続いてこの一帯は鮮卑や柔然に取って代われていた。古代トルコ系種族は、旧地に居た頃からすでに製鉄の技術をもっていたものと推定されている。温暖の地を求めるとともに他の民族同様に、シルクロードを領有しその通行権を壟断しようとする意図があり、合わせて鉄資源の確保ということも重要な狙いとしてもっていた。

ただ子細にこの付近を見ると、大小の民族が複雑に入りまじった地域であり、製鉄民族をこう簡単に割り切って考えてよいのであろうかという思いもする。トルコ中央部のヒッタイトがプロトヒッタイト＝ハッティ人に鉄を造らせていたと言われているように、丁霊・堅昆なども従属した少数民族に造らせていた、権力による管理者だったのかもしれない。

こう見てくるとモンゴルの北辺やや西側にある中国人がコッソル湖と呼ぶフブスグル湖以北の地（エニセイ河上流地帯）に、トゥバとかトワと呼ばれる製鉄民族（兀良哈《ウリャンハイ》ともいわれる）がいることが目につく。旧ロシア領・ティワ共和国の彼らは、蒙古族ではなく突厥系の子孫と言われているが、古くは中国新疆ウイグル自治区の伊犁河流域にまで進出し、原始的な製銅や製鉄をやっていた。中国の史書に図瓦・禿馬・都波などと書かれた少数民族である。この地域に新疆省天山南路の古代製鉄都市庫車《ウチャ》旧亀茲と、同じ呼び名の首都キジルが東北に一五〇〇キロ離れたこの国に存在するのも注目される。

またミヌシンスクの南方、トミ川とコマンド河の流域に住むショール族は、この付近を領有した製鉄種族と呼ばれた民族（ウイグル・エニセイキルギス・カルムイク）に従属していた弱小種族のようであるが、古くから鉄冶の技能に秀でており、生業は製鉄で、すべて鉄で貢納や物資の交換（食糧・家畜・毛皮等）を行なっていたといわれている。とにかくこの付近の鉱産地帯には、未調査に近いこのような少数民族が多い。前記のような民族の大規模な移動にともなって、少数種族の技能者は強制的に連行されていたことも十分考えられる。

その一団が幸いにも、西南進の果てにアルタイ山中で多種類の鉱物資源を見い出し、鉄も含めた冶金技術はいっそうの習熟向上をみることになった。加えてそれに、インド方面からのインダス河などの渓谷を遡ってきた技術と、かつてカスピ海方面から移動してきたスキタイ・サカなどの民族がもたらした武具製作技法などがミックスされていった。こうしてこの付近一帯には、中国北辺の歴史書が書いている血腥い政権争奪劇を演じる国々の、相次ぐ興亡の土壌が醸成されていったのであろう。鮮卑や柔然の西進、高車や突厥さらにウイグル族の台頭である。

〈絶滅近いごく少数の製鉄民族〉

ロシアとモンゴル西北の国境近くにある針葉樹林帯《タイガ》には、トゥバやショールといった狩猟を渡世とする少数民族がいる。古くは素朴な製鉄に従事していた人々であるが、今日では全く忘れ去られてしまっている。かつては中国新疆ウイグル自治区北西部に進出し、伊犁河や楚河などの上流辺りで製銅や製鉄をやっていたことは、中国の文献にしばしば現れてくる。一時はかなり広範囲に分布していたのである。その残存部族がカラカンダ辺りにも残っている。往昔製鉄に従事したことを示す証拠はわずか一つであるが、山の精から贈り物にたくさんの毛皮と石を貰い、初めは高く売れる毛皮の方をありがたがっていたが、後にその石が鉄の原料であることを知って、人々は製鉄を始めるようになったという伝承がある。その場所はすでに信仰的なものであるかもしれないが、古代トルコ系の言語で鉄を意味するテミール・タウだと言われている（『世界の妖怪たち』日本民話の会外国民話研究会参照）。ここはカラカンダ市の北部にある。また大林太良先生は『世界神話字典』でエルリクの鍛冶加工で悪しきもののコルメスが火花になり除かれることに注目。

両民族は古来州境のツビンスカヤ、ゴルノアルタイ、ハカスの各自治州付近に住んでいた。つまりエニセイ河・オビ河の源流地帯である。いずれも同じアルタイ・チュルク語系であり、狩猟民族同士なので当然相互の交流があったものと想像される。冶金と鍛冶がこの民族に存在価値を与えた特殊技能だったのである。

メンヒェン・ヘルフェンの著した『トゥバ紀行』（田中克彦先生訳）によれば、彼らと鉄との関わりは魔女から逃れるために、魔女が滑って登れない鉄のポプラ樹によじ登る伝承や、シャーマンが着る厚い毛皮の外套の背中に、鉄の棒が何本か括り付けられていた、と言った程度のものにすぎなくなってしまっている。

〈蒙古族とは〉

『新唐書』北狄伝の中には彼らの先祖として、七世紀頃に黒竜江沿岸に住んだ鉄利府五州の一つに、蒙という種族がいたことが書かれている。しかし一般的には蒙古族の祖は東胡の末の室韋《しつい》とされ、これが八〜九世紀になって西へと移動して、蒙兀《もうとつ》室韋と呼ばれ現在の蒙古人の祖になったと言われている。そして契丹人が彼らを韃靼《だったん》人と呼んだために、これが中国人などの間で通称となり、転じて西欧でタルタルと呼ばれるようになったという。

なお突厥・薛延陀《セツエンダ》・回鶻《ウイグル》・丁霊《チュルク》などが、長期間にしばしば移動してこれらと複雑に混血している。

エルデニ・ゾーの鉄鋳物

モンゴル帝国の首都であった**カラコルム**は、第二代の皇帝オゴダイ・カン（一一八六〜一二四一、一二二九〜四一在位、太宗）が一二三五年に建設したもので、その当時は行政の中心であって、宮殿・寺院が軒を連ね蒙古人のほか色目人《しきもくじん》（元代の西域人の呼称）や漢人なども居住していたという。有名なマルコ・ポーロもこの地について記しているが、この都はわずかに三十年ほどの短期間でフビライ・カン（在位一二六〇〜九四、世祖）の時代には、カンパリクと呼ばれた大都（北京）に代わってしまい、その後ここは一介の地方都市となってしまった。宮殿の遺構はその北側にあるが、今日に至るもほとんど調査されていない。大きな亀趺《きふ》が草叢《くさむら》にポツンと残っており、観光客に遺跡はこの付近だと教えてくれる。

市街は現在モンゴル語でハラホリンと呼ばれているが、とにかく古くから放牧に適した地域であり、隊商の通行路であったから躍進期にさしかかった元の威勢も加わって、一時期は文物の豊かな国際色溢れる都市であったらしい。カラコルム宮殿等の廃材が、後に一五八六年に建設工事のラマ教寺院（ハルハ・モンゴル初の本格寺院。現在は仏教博物館）、エルデニ・ゾーの資材として活用されたといわれている。

この五〇〇～六〇〇メートルはあると思われるほぼ正方形の敷地は、点々と小仏塔の立つ白壁に囲まれて、四分割して北東側の一角は中国様式（エルデニ・ゾー）、南東はチベット様式（ソプラカなど）の建造物があり、西側は若干の施設遺構もあるもののほぼ草原といってよい有様である。

このエルデニ・ゾーの中のズーン・ゾーの前、敷地内の草原中にあたかも放置されたように鋳鉄製の香炉が見られた。高さ約二メートル三〇センチ、鬼面の脚の上に四段に分割鋳造されたものが積み上げられ、腹部の下側で直径一メートルほどもある大きなものであった。腹部に陽鋳された銘文は次の通りで、この上側に蒙古語が書かれ、反対側には横書きのウイグル語らしい文字があった。

人事執
山　西
豊　鎮　府
順　城　街
広　明　爐
吉日成造
劉　東　元
金火匠人
蘇　述

騎馬民族が西南下したオルホン河流域の風景

白玉山

王徳元

蔡王鵬

カラコルム、エルデニ・ゾー内ゴルバン・ゾー手前右側にあった鋳鉄製香炉

豊鎮府は現在の内蒙古自治区烏蘭察布盟地区南部で、往時は山西省帰綏道に属すとされている。比較的新しい清の時代の作品かもしれない。それにしても、蒙古語などの文字が書かれているところを見ると、漢人の指導の下にここで造ったものであろうか。それとも鋳鉄技術の発達していた大同市北部で製作し

て、蜿蜒とここまで運んできたものであろうか。

なお歴史的には大した物ではなさそうであるが、ここのゴルバン・ゾーの前に高さ一メートルほどの鋳鉄香炉が一基、内庭に破壊したものが一基あった。またゴルバン・ゾー正面の扉には左右に獅子頭の大きな飾り金具が取り付けられていた。直径一メートル、鋳肌も良好でデザインも仲々洗練されたもの。鋳張りの仕上げなども美麗であった。銘文は全くなく、どう見ても中国の清末あるいは民国に入ってからの作品である。もう一個その斜め手前のところに破損した鋳鉄香炉らしいものがあった。上部は直径四五センチの釜状で高さは六一センチ。これにも銘文はなく、下側の本体を支える後補の飾り枠は鍛鉄製のものであった。もちろんこれもそう古いものではなさそうである。なお各寺院の建物（左よりバローン・ゾー、ゴルバン・ゾー、ズーン・ゾー）の大屋根の軒先には風鐸が吊り下げられていたが、それらは下から見て鉄製の新しいものと見受けられた。

ガンダン寺とボグドハーンの宮殿

ウランバートル市の中心地スフバートル広場の周囲は、官庁や同国としては大企業の密集地であるが、お世辞にも近代的大建築などとは書けない。四、五階建がせいぜいで、近年外国資本で開発された郊外にある数少ない外人用ホテルや、高層アパートの方がずっと立派である。

さて同市内にあるガンダン・テグチンレン寺はモンゴル大学の前を西へと進んだ、東西に細長いウランバートル市の中心部よりやや西側の山寄りに位置している。整備はいま一つ行き届いていないが、目下復元修理中の建造物もあった。

この寺院は一八三八年に第五代活仏が建築したものであるが、ここの屋根は瓦でなくグリーンに塗装された亜鉛鉄板のようである。ただ、ここで日本では絶対に見られない鉄製品を見た。それは衰微したとは言うものの、この地の人々の信仰の深さを示すものであるが、五体投地のための仏前に設けられた一メートル×二メートル程度の鉄床数枚である。露座の仏像の前にあったが、その面は擦れて磨いたようになっていた。苛酷な自然の中に生きる人々の信仰の深さを垣間見た思いであった。手前には鋳鉄製

ガンダン寺の五体投地に用いられる鉄床

香炉が一基据えられていた。ここには仏教大学もあるが、宗教活動は近年薄れ、同寺は博物館になっていた。

同市でもう一カ所の見所は、市の南部を西から東に流れるセベレ河とトーラ河の中間にある、かつては第八代活仏の冬の宮殿であって、現在では博物館になっているボグドハーン宮殿である。活仏の使用した調度品や各地の珍しい鳥獣の剝製、それに仏像や曼陀羅《まんだら》などが整然と陳列してあった。

この建物形式が中国の建築様式に則り古めかしいのに、建築年代は意外に新しく一九一九年のもので、木造建築物なのに釘を一本も使っていないという枘《ほぞ》組み方式。屋根が瓦でも銅板でもなく亜鉛鉄板なのは経費の節約なのであろうか。下から見ると軒先瓦まで金型で打ち出したもののようで

ザイサン丘から見たトーラ河（ウランバートル市街は左手に広がる）

ボグドハーン宮殿博物館にあった鋳鉄鐘

ある。前庭の獅子は通常なら青銅鋳物か鉄鋳物あるいは石製であるのに、何とここのものは台座が鉄板製の平箱状。その上に乗った緑色ペンキを塗られた獅子の像は、胸毛や尾の毛の部分は厚い亜鉛鉄板を切り抜いたもので、それを釘で打ち付けてあった。

中庭に鐘楼があり、一メートル二〇〜三〇センチの高さの鉄鐘があったが、入口近くの売店前にも幾分小さいものがあった。これには「大清咸豊十一年（一八六一）十月吉日成造穀日匠人同心炉」と陽鋳があり、デザインは竜頭の部分など多分に異民族風であり、湯流れがまずかったとみえて鋳造傷が多く、後から粘土でも塗りつけて透間に熔銑を流し込んだような、荒っぽい補修の跡が所々にあった。この地での稚拙な技術による製作かと思われるが、あるいはすでに伝承となってしまっている老獪な清時代の商人が、請負で造ってこんな傷物をモンゴル人に売り付けていたものであろうか。

なお、ウランバートルの南部約三〇キロ、ズーン・モドの郊外五キロほどのところにある、マンヅシール古寺には十七世紀末に造られた大鉄釜（容量一八〇〇リットル）があり、蒙古人のジャウボトル作と刻まれている、と聞いた。

ボグドハーン宮殿前庭にあった獅子

乏しい鉄資源と匈奴の動向

本章の初めにバイカル湖南部は鉄鉱石が豊富なのに、モンゴル領に入ると少ないと記したが、今回同国に行ってみてその実情がはっきりした。それは余りにも広大過ぎ、また調査技術者も乏しく、古代に何らかの鉄冶が行なわれたような地域でなければ、現状では鉄産なしとなってしまうということであろう。

旅行中ただ一カ所だけ鉄鉱石を見た例がある。南ゴビの大草原にある滑走路もない国内線の、うらぶれたというよりも降りた人以外は人気のない、無人空港ともいえそうな南ゴビ空港を出て、バスで一五分ほどかけてゲルに向かった。ここに旅の荷物を置いて、さらにバスで西南へ二〇数キロ走り、渓谷の入口にある家数四〜五軒のうちの一軒、恐竜博物館に入ったときである。前記のゲルから約七六キロ北方のバヤニザクで発見された恐竜の卵が看板のこの博物館、恐竜の卵やパネルのほかに、渓谷の動物・植物・鉱物が数々展示してあった。

鉱物展示の中に鉄鉱石はないものかと探し回り、やっと見付けたのが小さなガラス箱に入っていた次頁写真の石である。この人民共和国では珍しくキリル文字ではなく、旧字体のモンゴル文字でラベルが書かれ、上半分に鉄の字句が見られた。館長に英語とモンゴル語の単語を並べて聞き出したところでは、この博物館の北西約五〇キロにあるマンダル・オボーが産地とのことであった。軽くておかしいとは思ったが、はたして帰国後に武蔵工大・平井昭司先生にお願いした中性子放射化分析による調査の結果は選鉱屑なのか鉄分四二、硫黄四三パーセントの硫化鉄鉱であった。ほかではウランバートルの北にトムルトロガイがある。この名は正に古代トルコ語で鉄を表している。南ゴビ付近ではイフエレーン。西北部のアルタイ山中に入るオラーンゴムにも産出があると聞いた。

余談だがウムヌ・ゴビのアイマク・マンラインに、六六八キログラムの隕鉄がかつて落下したことがあると教えられた。

鉄鉱石といっても硫黄分の多い硫化鉄鉱であった

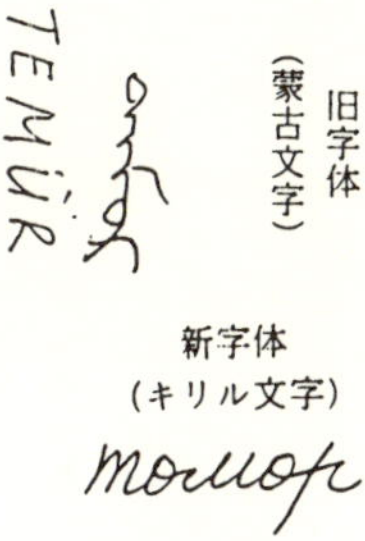

モンゴル人民共和国で使われている鉄の文字

歴史的に見てくると、外蒙・内蒙などを騎馬で疾駆した匈奴の大軍団は、すでに二代の冒頓単于《ぼくとつぜんう》（紀元前二〇九〜一七四）の頃には、南部以外の三方の諸民族（東胡など）を打ち破って、蒙古全域さらに西域にも侵攻して行き、これらの広大な地をその支配下に置いたという。漢に侵攻（紀元前二〇〇年の平城〈白登〉の戦い）し、高祖（紀元前二〇二〜一九五在位）の軍を包囲して和を請わしめたのは、東洋史上で有名な話である。しかし和解の期間でもしばしば漢の北辺に攻め込んでいる。このように威勢を張った匈奴も一三代目（紀元前六〇年代）頃より、古代王家の常で内紛が起こり始めてしまい、その約百年後の四〇年代半ばには遂に北匈奴・南匈奴の紛争へと発展し、二世紀の中頃には歴史から姿を消している。五胡十六国（四〇〇〜五〇〇年の頃）の前趙・北涼・夏などの国々がその一部の後裔である。

民衆は現在見られるようなゲルに住んで、トーテムに縋《すが》りシャーマン教やラマ教（チベット仏教）に救いを求め、貧しい遊牧の生活をしていたと推定されているが、スキタイやギリシャ文化の影響が濃厚なウランバートルの北方一〇〇キロにある、ノイン・ウラ（一世紀初頭）などモンゴリア各地の遺跡を見ると、王侯貴族はかなり遡った年代でも物質的に豪奢な日々を送っていたようである。鉄製品ではペルシャ形式の短剣などが発見されている。

衛青《えいせい》（紀元前?〜一〇六）その甥・驃騎将軍霍去病《かくきょへい》（紀元前一四〇〜一一七、両者とも匈奴征伐での名将）が紀元前一二一年に匈奴を討っているが、その頃には漢は各地で塩鉄専売の制度を活用し、かなり本格的な製鉄を始めていたことが推定されている。匈奴は後漢時代には完全に鉄器時代に入っていたため、定住しない彼らは鉄の獲得について苦心していた。それゆえ、おそらく北部（現ロシア領域）の鉄産地はチュルク系民族に押さえられているので、南部に展開する鉄の豊富な山西省をはじめ陝西・甘粛省などの地へ目を向けたのであろう。大同の北郊に王廷を設けたとされているが、これは武力としての鉄産の確保という目的を除外しては考えられない。内蒙古の赤峰や西夏の都カラホト付近でも鉄鉱石は採掘されていた。

なお、ステップ地帯の騎馬民族であるトルコ・モンゴル系の民族が中心となり、二世紀頃から西進し始めているが、これが顕著になったのは四世紀後半に入ってのことで、この民族の主体が匈奴（アルタイから西へ移ったエフタルと言う説もある）であろうとされ、その波動がヨーロッパにも及び、ゲルマン大移動の一因になったと言われている。紀元前五世紀のギリシャの歴史家であるヘロドトスの『歴史』に出てくる隻眼人種のアリマスポイは製鉄に関連ありとされているが、この人物を蒙古族、フン族とする学説も根強い。鉄鍛冶の面からみれば蒙古地方でトーテムとして信奉された狼が、ヨーロッパに入って刀剣など製品の商標になったとも考えられ、それはロマンとのみでは片付けられず、相応の関係があるように思える。

吹子を担って放浪する製鉄神

一二四〇年頃の著作と推定される『元朝秘史』（著者不明）に、「上天より命ありて生きたる蒼き（灰白色が本当ともいう）狼ありき。その妻なるなま白き牝鹿ありき」とある。果てしない広大な草原の中で生活した蒙古人の先祖たちは、チンギス・カンひいては自分たちの出自をこのように語り伝えたという。

そうした中にあって、当時鍛冶屋はどのような姿であったのであろうか。同書の巻二の初めに「若きテムジンが家に帰りブルギの岸にいるとき（タイチュート族〈蒙古の一部族で、初めはテムジンと協力していたが、後に不和となった〉から脱出して）、ブルハン山（ウランバートルからやや北寄りの東側二〇〇キロ前後、オノン河とケルレン河の源流付近の山）からウリャンハイ・森の人（前述したトゥバ族に包含されるツアータン族の呼称で、したがって製鉄技術を知っていたと推定される）である、ジェルチューダイ老人が鍛冶の吹子を携え、ジェルメという子供を連れてきて、貴方の家来にしてくださいと申し述べた」とある。

袋吹子あるいはそれを象徴するような袋を携えた人物は、日本でも風袋を担った風神をはじめ、因幡の白兎を助けた、製鉄にも関連する大国主命のスタイルなどが目に浮かんでくる。中国でも、男装の女仙函芝仙のように袋から黒風を吹き出し、慈航道人の定風珠で風を止められ、黄天化の銀槌で頭を打たれ、封神台に送られて死んだような、何とも頼りない仙人も現れてくる。『封神演義』、また『封神伝』ともいう作者不明の明代に作られた小説の記述である。とにかく、善玉悪玉その折り折りによっていろいろに登場するが、いずれにしてもシルクロード沿いの地帯では、鍛冶屋（製鉄を含めてもよいであろう）は遊牧民とは異なった一種の技能者として、技能さえ持っていればという感覚で放浪に近い生活をしており、少量生産であって原料の消費量も少ないところから、行く先々で求めに応じていたようである。皮製の袋吹子は製鉄・鍛冶のシンボルであり不可欠の装置だった。

ブリヤート族にもシャーマン教的宗教観にもとづく、萌芽期の鍛冶屋にまつわる伝承が存在している。おそらくヤクート族の鍛冶屋など、北方系の民族が持ち込んだ伝承が伝播し変容したものであろう。

〈名前に鉄を被せた汗国の王〉

モンゴルは西域南北に多くの汗国を設置した。チャガタイ汗国（一二二七分裂〜西一三六九・東一三八九）、イル汗国（一二五八〜一三五三）、キプチャック汗国（一二四三〜一五〇二）、それにクリム汗国（一四三〇〜一七八三）の四カ国があった。

しかし内紛・外圧はこれらの国々を次々と滅ぼし、最後になったクリム汗国も遂に一七八三年には滅亡して、モンゴルの藩塀であった国の総てが消失してしまった（注＝ティムール帝国〈一三六九〜一五〇〇〉、オゴタイ汗国〈一二二四もしくは一二一八頃〜一三一〇〉）。

この頃チャガタイ汗国の内紛に乗じて登場したの

が、ドグルック・チムール（一三四七～一三六三）であある。大モンゴル帝国の復活を目指して遠征に明け暮れした彼の名は、明らかにデミール、トムールなどトルコ系の鉄を表す語彙から出たものである。しかし、ヒッタイトのような鉄を独占した王者を指したものと考えられやすいが、この場合は鉄の持つ強靭不壊の物性を、王の行動や性格になぞらえたものである。あるいは豪勇の大王を表現する名称だったかもしれない。このように氏名に鉄という呼称を使用することは、かなり広く普及していたものらしく、イブン・バットゥータの『大旅行記』第一章の中にも、十三世紀のアミールの名としてトゥクズ・ドゥムールがある。（注＝年代は事典等により若干異なる）。

モンゴルで鉄を表す文字

現在モンゴル人民共和国で鉄を表現するには、テムールと言い、鋼鉄の場合はボルドと呼んでいる。文字は一九四一年以降は、新モンゴル文字と称して、ロシア語のキリル文字を使用してきた。建前は旧来からのモンゴル文字に較べて、覚えることが簡単であり、文盲をなくするのに効果的であるということであった。しかしその民族が何百年もの間使用してきた文字が、書くのに面倒でもそう簡単に取り替えられるものであろうか。ここでも国際的な統治政策の裏側を覗き見たような気がする。ブリヤート人もカルムイク人もこの文字を使用するように転換させられてきた。カルムイク人は一六四八年創案のオイラート文字（トド文字）を従来使っていた。中国蒙古では依然としてこの古いとされる伝統の蒙古文字が使用されている。なお、モンゴルでもソ連の崩壊後数年の間に看板や新聞などはそのままだが、観光ポスターや営業カタログなどには、かなり旧字体の蒙古文字が使われるようになってきた。モンゴル民族の主体性復活といってもよかろう。

モンゴル語の発生経緯は定かでないが、アルタイ諸語の一つであり、ウイグル文字を用いて十三世紀以降表現するようになったといわれている。そのためモンゴル語の中になかったような言葉や曖昧な言葉は、いつの間にかウイグル語の発音のままに表現されるようになったのではなかろうか。新しい文物に対して新造語を創案したかに見えるが、実体は他民族が使っていた言語を採り入れて用い、いわば自家薬籠のものとしてしまったのである。鉄という言葉も明らかにトルコ系であり、その一つであろう。判りやすい例をあげれば、日本語のカスティラのように……。

元時代前後の鉄製品

一二〇六年に興ったモンゴル帝国は、フビライに至って元（一二七一～一三六八）となったが、同じ大陸で隣接した中国のみならず遠く小アジアまでも席捲した。その征旅のためには少なからぬ鉄製品が使われたものと推測できるが、遺物は歴史の記述に比較して予想外に少ない。広大な国土に分散してしまっていることがその理由であろう。

それでも『元朝秘史』の巻八にチンギス・カンがスブタイに言った言葉として「長い梢、深い谷まで追っていけ。地の果てまで追っていけ。いま鉄車をつくって、この牛の年に出征させるのだ」とある。また同書巻三でグチュグルは「錠をおろした車の轄《くさび》をこわすな。車軸を折るな」と述べている。そのような車輪用の鉄製軸受けが発見されている。

坦々としたゴビと呼ばれる草原が続くモンゴルにしても、この記述で車両の故障が続出していたことが判る。製作技術もこの頃になれば進歩していたであろうに、なぜなのであろうか。現地を歩いてみなければ理解できないことであるが、それはこの地の気候・風土に大きく影響されている点である。つま

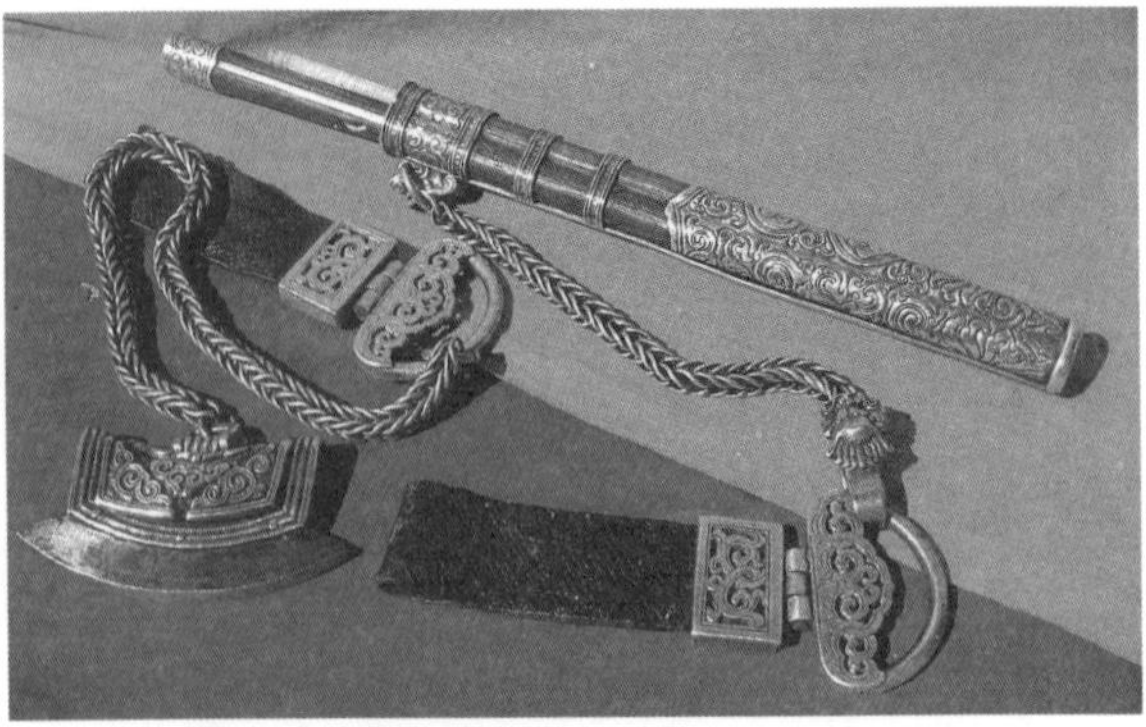

短刀というよりナイフ。箸が添えられている。
左は火打（鉄）鎌。

り冬期は酷寒のため大軍を進めるには不向きであり、春から夏になると今度は地下の凍結した水が表面に滲出してきて、疎《まばら》な草原地帯の地盤が一部では軟弱となり、ここに車を乗り入れればイスラム式のスタイルの良い戦車などでは、泥濘の中で車輪を取られてしまい、無理に力を掛ければ銅や鉄で若干は補強してあったにしても、輪芯部や車軸が捩れ、それに冷間脆性も加わって破損してしまう。こうした地形のところでは、華奢で細い鉄や銅の外輪などを付けた一見高級なものよりも、金属など使ってなくとも一〇センチ余りもある厚い板車輪かそれに近い構造のものの方が、鈍重で人畜の力は余計にいるものの実用には向いていると言える。こうしたところから戦車より輸送用が中心となった。

武器は量的には刀剣よりも槍鉾の方が多かったようで、その先端刃部が出土している。また鉄鏃も多数発見され、突厥時代までは三翼式のものが主流であったが、やがてカラコルム出土のものなどに平根有柄式のものが現れてくる。騎馬民族必須の馬具類では、飾りのない実用的な鐙《あぶみ》や銜《くつわ》があった。兜も蒙古特有のトンガリ帽子型のものが発見されている。戦闘には行動的な鎖帷子を着用し、刀と手鉾での馬上集団戦法が採られていた。短刀は合口《あいくち》状のもので箸と共鞘に収まっていて、貴重な銀で鞘に細かな装飾をしており、火打鉄と一緒に帯に吊るしていたところを見るとサバイバルナイフと表現した方がよさそうである。

そのほか陣営具として軍団の炊事用に使う大型鋳鉄釜があり、農耕具類としては牛耕用の犂の刃先や鶴嘴兼用の鍬、牧畜作業に必須の鋏もあった。形式からは当然広義のモンゴル民族のものであり、加工は工人を擁していたにしても、これらの原料鉄の生産地がどこか、製錬に従事した民族は何族なのか注目されるところである。

おそらくこれらの武装集団が使った鉄の供給者は、トゥバ族やショール族などもあるが、バイカル湖周辺に分布した大勢力のブリヤート族が持っていた、冶金鍛冶の技術を無視することはできないであろう。現在でも同湖の東側に住んで蒙古民族の文化を踏襲しているが、本来はチュルク系民族であって南下してから蒙古文化を吸収したものである。日本人に容貌が実によく似ていることを付記しておく。

第二章　漢人の築いた鋳鉄技術

極東の素朴な鉄造り

渤海人と鉄利人の渡来

極東邑婁《ゆうろう》の領地を東北と南西に割った後者の地が、渤海国として成立（六九八〜九二六、遼に滅ぼさる）し、現在までに約千三百年を経過した。この国はその建国三十年後には政治的・経済的な目的を持ち、大勢の使節が日本へと来訪している。相互に異文化が造りあげた産物の魅力があったとみえて、公的使節から密貿易的なものに至るまで長期にわたり、想像以上に多くの人々が出入りしていた。

そのときに渤海から持参してきた品々には、毛皮・人参・蜂蜜などがあった。中でも黒貂《くろてん》の毛皮は特に珍重され、『倭名抄』にも「布流木《ふるき》」の名で記載され、『源氏物語』では六帳の末摘花に登場し、後朝《きぬぎぬ》の別れのとき不美人の同女が十二単の上に、この毛皮のコートを羽織って現れてくる。比喩が悪いがこの部分の記述、何か現代の夜の街角に立つ高級外人コールガールのイメージが浮かんでくる。

この渤海人が『続日本紀』巻一六によれば、聖武天皇の天平十八年（七四六）の項に「渤海人及鉄利惣一千一百余人、慕レ化来朝。安置二出羽国一、給二衣粮一放還」とあり、また巻三五・光仁天皇の宝亀十年（七七九）九月にも「渤海及鉄利三百五十九人、慕レ化入朝。在二出羽国一」とある。これらに対して放還というから本国に咎めずに帰す施策をとっているが、航路の事情などで滞留した者たちには細かな配慮をしている。

ここに現れた鉄利族は鉄利府を中心に発展し、後に国家体制が整った渤海に吸収された地域（唐初は渤利州、黒水府あたり）の人々であって、ハバロフスクから黒竜江省の依蘭付近、つまり松花江流域に主として住居していた民族である。その後の中国歴代の産鉄政策と合わせ考えると、製鉄民族であったと推定される。したがって、彼らが日本海を越えて渡来していることは、同地の製鉄技法が当時東北地方に伝播してきたことの、有力な推定要因の一つと数えてよいであろう。往時の日本海は現在我々が想像する以上に、交通機関は貧弱でも地理的には狭くわりと簡単に往来できたものと考えられる。

一方、この白鳳（六四五～七八三）から奈良にかけての時代は、北辺に対する防備と進出に備えて兵員の確保が急務となっており、その武具を補給するため金属の需要が大幅に増えている。藤原恵美朝臣押勝（七〇六～七六四）に近江国・浅井高島二郡の鉄穴下賜（天平宝字六年〈七六二〉）などもあり、具体的な法令などの施行をみても鉱石の採掘が著しく促進されていたことが判る。こうしたときに高い技能を持った渡来人の定住は歓迎するところであったと思われる。

しかしその反面では、経済の大幅進展と金属熔解技術の普及は、数は少ないにしても貨幣私鋳（密造銭）の横行をもたらし、新銭への切り替えを余儀なくさせた。その後に取り締まりがしばしば強行されても、宝亀年間あたりなど効を奏せずになおも流通を続けていたようである。金属の冶錬や加工が渡来人やその関係者たちによって、思い掛けぬ用途も生んで広く各地へと流布していたことが知れる。

この渤海国の領域では考古学的調査がまだ十分ではなく、出土鉄器の量も比較研究の用に供するには不足している。主要な鉄器出土遺跡をあげると、吉林省の敦化城南（建国の地・吉林市東南一六〇キロ）の六頂山古墳群八〇余基を調査したときと、同省延辺和竜県（延吉市西南六〇キロ）にある貞孝公主の墳墓出土のわずかなものがある。

満蒙に伝わった皿状海綿鉄炉

昭和十年代の後半に渡満され、終戦時まで中国東北部の吉林省通化市で、小型高炉の建設・操業に設備関係の責任者として従事しておられた成田数正氏の来訪を、平成九年の春に私は受けた。その折りに同市郊外の二道江で、一見ただ四〜五メートルほどの凹みに鉄鉱石と燃料を積み上げ、点火して半日ほど燃やし続けてできた還元鉄状のものを、現地人が拾い集めているのを見たというお話を伺った。

これは著者にとって非常に貴重な示唆であった。これに類した話を昭和十九年に当時広島高等師範の和田重之先生が、朝鮮総督府の加藤灌覚氏が北朝鮮の咸鏡北道富寧の東南にある沙河洞で、現地人の操業しているのを見たという話を、ご著書の『砂鉄と日本刀』で紹介しており、それを読んでいたからである。

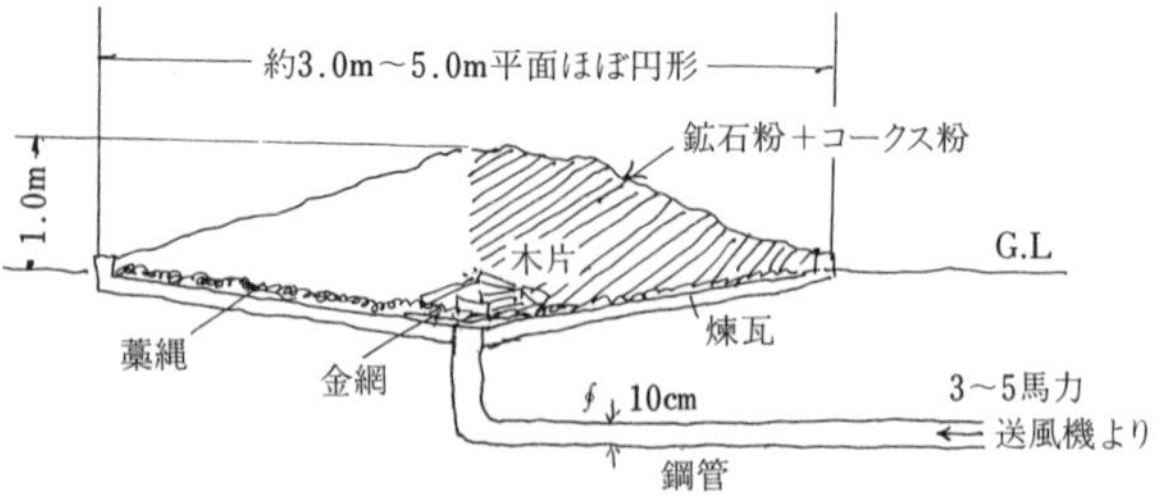

吉林省通化市二道江の原始的焼結炉（近年のもの）

その実況は「砂原の上に夥しい薪を積上げてこれに点火すると、炎々朦々たる煙と炎はあたかも火事場を思わしめる如くであった。翌日再び同所を見ると砂鉄は全く熔けて鉄塊となっていたので、試みに土民（原住民）中の古老にこの方法は何時頃から始められたかと聞くと、昔から伝わっていると答えたそうである」（一部筆者が現代仮名遣いに修正）となっている。同書の一一八頁の挿絵でも前出成田氏の話と、炉形や燃焼の状態などの点で非常によく似ている。そこでこの通化市郊外で操業されていた原始製鉄法の詳細を知りたく、五十年前の伝《つて》を頼って何とか調べていただきたいと成田氏にお願いした。

こうした経緯で、現地の潘潤民・陳任同・陳乗吉の三氏のご協力によって、近年まで操業されていた次のような技法があり、古来から改良が加えられつつ技術が伝承されてきていることが判明した。

そのとても製鉄炉とは思えないような素朴な形状は、上図に示したような直径三～五メートル程度のほぼ円形のもので、外観は地面を中心に向かって三〇～四〇センチ掘り下げただけのものであり、隠れた部分つまり炉底は幾らかの防湿的配慮がされたであろうが、とにかく地下に横にして直径一〇センチ程度の送風管が埋め込まれ、炉芯の直下で上向きに羽口に相当する部分が取り付けられていた。送風機は三～五馬力程度の電動ファンである。炉芯の底面つまり羽口の空気噴出口に当たる部分には、一辺が約六〇～七〇センチ角に太い径の鉄線で造った金網が置かれ、噴出口へと原燃料や鉄滓が落下するのを防いでいる。

この大きな皿状の部分に中央部で一メートルほどの厚さになるよう、粉炭・粉鉱石・鉄粉などを水で練って固め十分乾燥させておいて、あらかじめ炉の上に積み上げられた薪の燃え上がっているところに、被せるように装入していくわけである。原燃料装入の前に炉底に周囲から放射状に太めの藁縄を配置しておき、これは燃料にもなるが送風設備の不完全な頃には炉芯への通気の役も兼ねさせていたという。もっともかっては藁縄ではなくて薪をうまく並べて使用したといわれている。その場合にはおそらく薪を幾らか樋《とい》状になるようにするとか、配置に際しては風の流れを良くすることに留意していたであろう。この炉の中に長い薪や縄を炉芯に向かって入れる発想は、西アフリカ・ブルキナフアソのセヌフォ族が使用していた、土製太径通風管の作用と類似したものである。吹管（ごく細い羽口）は製鉄用ではなく主として金銀などの小物の鋳造に活用された。このような設備や製錬方法で、三交替十時間前後の間燃焼させ、近年まで高炉用焼結鉱を造っていたというから、まさに焼結鉱の素朴な野焼きである。

粛慎・渤海よりの技術伝播か

以上は前記成田氏と現地の三氏の近代になってのお話を要約したものであるが、このような炉が長い

製錬炉なしでの還元実験

（釜石市橋野 餅鉄、雑木焼成木炭使用）

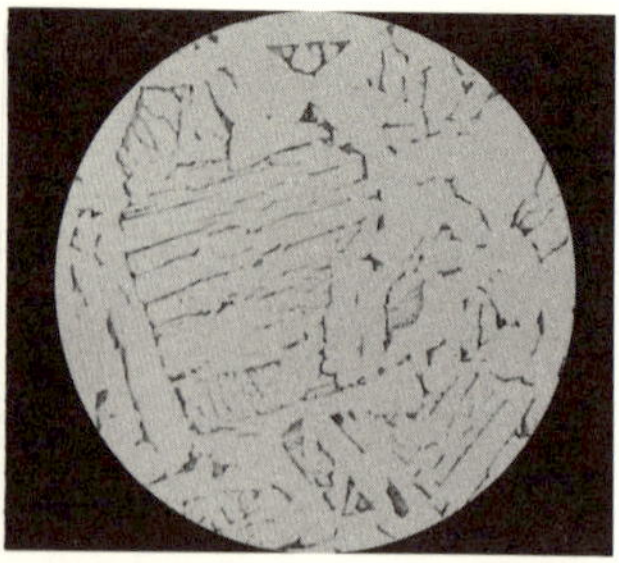

できた粗還元鉄の荒鍛造組織

（反射100倍、ナイタール腐蝕）

年月に改良されながら操業してきたものと考えられ、五百年、千年と遡らせた時点での原始的な作業の状態を推測することにする。

まず当然この設備から電動送風機と地下に施工された送風管を取り除き、代わりに自然の風を取り込みやすいようにすることになる（この方式でやるにしても、中間の時期には当然吹子が使用されていたであろう）。その場合はおそらく薪をうまく組んで配置するか、太径の粘土製羽口（風導管）のようなものを炉中に挿入し、地形や季節風の状況なども勘案しながら操業するということになろう。ごく低いこうした水準の技術でも、時間をかけ燃料を余分に使用して操業すれば、往時の農民や遊牧民の小グループが必要とした、農工具・武具程度に使う還元鉄は容易に造ることができたであろう。もちろん、このような粗雑な鉄塊では、鍛冶加工の際にちょっとしたノウハウが必要であったであろう。また精鍛や成形過程での目減りといったことも、当然のように無視されていたものと想像することができる（著者は昭和五十七年、類似実験でごく軽く断続的に鍛造し、鉄片を試作・入手したことがある）。

著者がこの形式の炉による製鉄法にこだわったのは、すでに三十年以上も前のことであるが、宮城県白石市深谷字高野の農家の方で、鉄の考古学に傾倒しておられた故佐藤庄吉氏によって発表された、所有農地に散在している類似の方形・円形大小不揃いの皿状製鉄炉遺構を見学していたからである。この方式による製鉄遺跡は、発表されたものでは日本で唯一のものであろう。この広々とした東北の白石市の台地にある、深谷の佐藤さんの農地に立って周囲を見渡したとき、ここに渤海方面から渡来した技術者が立ち、付近の人々に鉄造りを教えている姿が目に浮かんでくるようであった。

年代についての、縄文土器の破片が炉遺構から出土している点から縄文時代（佐藤氏）、出土土器に墨書きされたものがあった点から平安時代（当時岡山大学教授和島誠一氏）とした時期の問題は、著者は『続日本紀』の記す入植当時と考えているが、それは措くとして、製鉄炉機能そのものの点で著者が取り上げたことに対し、当時鉄冶金技術者で製鉄史の権威といわれた某氏から「あり得ないことだ。加藤氏の話にしても、そんなものは河原での炭焼きを見間違えたもので、絶対に鉄は造れない」と決め付けられていたからである。

なおこの皿状の製鉄炉の発祥については、蒙古自治区興安盟地区の烏蘭浩徳《ウランホト》製鉄所で行なった土焼法に始まると言われているが、それは近代の製鉄に簡便な貧鉱処理あるいは製銑促進の技術として応用されはじめたことを指したもので、おそらく原始的なものは古くから満蒙の各地で、粗末な還元鉄の生産方法として行なわれていたものと推定される。

このような満蒙に分布していた製鉄の末流は、すぐに鍛造できるような上質な還元鉄を造るのではなく、今日では小型高炉に装入するための、焼結鉱を生産する技法となっている。しかし、宮城県白石市深谷の場合は千三百年も前の遺跡であるから、高野・荒神谷などの状態から操業状況を推測してみても、多分鉄とは言えないような程度のもの、つまり鉄源が灼熱され平均して半還元程度のものができていたのであろう。したがってそこでできた製品の質的差異は、炉芯の付近では還元鉄に近くなっているが、周辺では若干熱を受けただけで焼結も十分ではないというような、バラつきのはなはだしいものであったと考えられる（したがって原燃料は精選されており、操業は万全の近代化した設備で、コンピュータ制御までされている進んだ現代の製鉄理論と、このような生産設備や操業管理がほとんど自然条件に支配され、原燃料も限られた地域・条件の中で経験の蓄積をもとに、勘に頼って造られていた時代の物とを同列に考え、往古の製品を峻別しようとすることはどだい無理と言うものである）。

さらに飛躍した推測をするならば、このような技術は渤海時代あるいは若干遡った時代に、靺鞨人・渤海人、さらには前述の鉄利人を中心としたツングース系渡来工人によって日本にもたらされ、東北地方で一時期簡易自給製鉄法のような形で、ごく少量の生産が行なわれていたのではなかろうか。

戦時中の南満州鉄道㈱調査部のデータによれば、製鉄の資源は遼東半島から東北へと幅三〇〇キロ程度で、哈爾浜《ハルビン》市東南部（渤海の都市阿城付近）辺りまで稠密な分布を示しており、しかもこの巨大な帯状産鉄地帯は、ほぼ南北両側に石炭、その内側に石灰石、中心に鉄鉱石が産出する形になっている。中でも瀋陽（奉天）南部の鞍山・廟児溝・大弧山・弓張嶺鉄山がよく知られている。鞍山のものは概して低品位で、事前処理を必要としていた。そうした条件がこの地方で古くから、貧鉱でも活用できる技術を工夫し伝えてきたのであろう。

中国吉林省、大栗子鉄山
（ここにも皿状還元鉄炉が残っていた）

なおこの点の近代化は故梅根常三郎博士によって、大正十年に着手され昭和初期には完成していた。とにかく廟児溝（本渓湖の中）などの鉱石はなかなか上質のものであり、大栗子の針状赤鉄鉱は高品位である。いずれにしてもわずかな量の古代の製鉄であり、よさそうな部分を選択採掘して用いたならば、これらの資源で十分である。その他の地域では承徳北西部や綏中北部、それに大興安嶺《シンアンリン》山脈中で万州里《マンチュリ》の北側や、さらに二五〇キロほど東北に入った地点でも鉄鉱石が発見されており、斉々《チチ》哈爾《ハル》を取り巻く一帯などにも産出が見られている。

　この地域の古代製鉄は前記のように発掘調査が不十分で、まだ全貌は判っていないが、『遼史』（元の脱脱ら著、一三四四完）の巻六〇食貨志下によると「太祖（九〇七〜九二六在位、耶律阿保機）始めて室韋を併せる。その地、銅・鉄・金・銀を産し、その人よく銅鉄の器を作る。また易朮部の者あり。鉄多し。易朮国は鉄を現す語なり。部を置くこと三治。いわく柳湿河、いわく三黜古斯、いわく手山。神冊（九一六〜九二二）の初め、渤海を平らげ広州を得る。元《もと》の渤海鉄利府を改め鉄利州という」とある。この記述からみても、遼代に契丹が発展した渤海や、さらにそれ以前から伝えられてきたツングース系集団の北方製鉄技術を組織的に改善強化して、すでに九百年代のことでもあり、原始的なりに量産体制を整えていたことが推測できる。

なお中国でも陽城などで、これに近い焼結鉱製造の技術が遺存していたと聞いている。

黄河流域の鉄文化

巨大鉄鐘雑感

中国の巨大な鉄鐘は日本人が見ると、ただ大きいだけでなく奇異に感ずる点がある。それは日本ならどこの鐘楼にもついている大きな撞木《しゅもく》が、この国ではほとんど見当たらないことである。叩くための道具はあってもやや大形の木槌程度のものであり、現状からは鐘と大きさがアンバランスでそぐわない。

西安市鐘楼の大鉄鐘

実用的なものは、おそらく日本の半鐘のようにして使われていたのではなかろうか。近世になっての高さが二メートル以上もある西安の小雁塔や北京古鐘博物館にあるような超大形の立派なものは、後には鳴らすというよりもむしろ荘厳具のようなものだったかもしれない。したがってこれらの鉄鐘は仮りに叩いても音は余り遠距離へと響かず、中型以下のものは寺院内で、勤行などの合図に使われた程度ではなかったかと思われる。

この鉄鐘の材質が鼠銑であったにしても白銑にしても、力任せに大きな撞木で打ったら常識的には割れる恐れがあるのではなかろうか。距離が遠いのか音が低いのか、これらの鉄鐘、薄暮の空や早暁の空に果たして殷々たる響きを流していたのかどうか？

古文書では鐘の材質に触れた記述が見当たらないが、その存在は随所に書かれており、早くも中国最古の詩集『詩経』の山有枢の中に「立派な庭内に鐘や太鼓があるというのに、打ちも叩きもせず」云々とある。また、『後漢書』でも礼儀志の冬至の項に、「黄鐘の鐘をつく」と記されている。これらはもちろん鉄鐘ではなく、鋳鐘の技術は仏教と結びついて発達したものであるから、中国の進んだ鋳銅技術から推察して青銅製の楽器状のものであろう。

唐詩にはこの鐘声を表現したものがしばしばある。たとえば、孟浩然（六八九〜七四〇、襄陽の人）は夜になって鹿門寺へ行き、そこで「山寺鳴鐘昼すでに昏く」と歌い、常建（七〇八〜七五五、長安の人）は「万籟すべて寂たり、ただ聞く鐘磬の音」と詠み、張継（七五三進士及第、後に洪州塩鉄判官）は「月落ち烏啼いて」（この読みは「月は烏啼山に落ち」が正しいとも言われている）で有名な〝楓橋夜泊詩〟で、蘇州（姑蘇城）外寒山寺の鐘の音を夜半に船中で聞いたとしている。この寒山寺にある鋳鉄製梵鐘は石野亨先生の『鋳物の文化史』に写真が掲載されているが、花弁状に裾の広がった珍しい形式のもので、肝心の撞木はない。無錫広福寺の鉄鐘には珍しく撞木が付いていた。

さらに〝長恨歌〟で知られた白居易（七七二〜八四六、鄭州の人）は「遺愛寺の鐘は枕をそばだてて聞く」と記し、王維（六九九〜七六一、太原の人）は西安郊外の〝香積寺を過ぎる〟の詩で「同寺は知らないが付近の山中で遠く響いてくる鐘の音を聞いた」としている。また劉長卿（七〇九〜七八〇?、河北省の人）は江蘇省丹徒県の竹林寺から流れてくる夕暮れの鐘声を詩に詠み、李益（七四八〜八二七、武威の人）は安禄山の乱の後頃に鄭州で従兄弟に十年ぶりに会い、話が終わったときに暮天の鐘が鳴っていたと詠み込んでいる。

宋代の詩人鮑明遠（四一二?〜四六六、山東省の人）の〝結客少年場行〟の中には「撃ㇾ鐘陳ㇾ鼎食」とあり、食事の合図の鐘が出てくる。もちろん大きなものではなさそうである。

詩にはないが蘭州市の五泉山には南宋時代に当たる金の章宗（在位一二〇一〜七）泰和四年銘のある鉄鐘が遺存している。西安城鐘楼の鉄鐘は毎朝七〇回撞かれ、城門の扉を開く合図になっていたと伝えられ、薦福寺にある小雁塔の鐘は長安八景の一つで、雁塔の晨鐘と呼ばれており、原料銑鉄の量で二万斤という大鉄鐘で、昔は毎朝時を告げていたともいう。

河西回廊の要衝張掖の大仏寺（一〇九八年の西夏建築）は、三五メートルの横臥した釈迦の像で知られている。陳良先生著『シルクロード史話』によると、この寺に明の成化（一四六五〜八七）年間に鋳造された約一トンの鐘があったというが、近代の戦乱で紛失してしまったとのこと。これが「銅に似て銅に非ず、朝夕僧敲き声九霄に透る」と伝えられているから、明代の鉄産増加を反映して鋳造された鉄鐘が、

漢代には鉄官のあった
肇県石窟寺院の鉄鐘

寺院内の合図のために使われていたのであろう。

鉄が大増産されるようになって、庶民にまで鋳鉄の鍋などが普及しはじめた明・清の時代には、当然各地の寺院にこのような鉄鐘が広く採用されていた。しかしそれにもかかわらず、唐代の詩にあれほど詠まれたのに、明・清の詩ではその情景を見掛けることが少ない。著者の調べたものが五〇～六〇首にすぎなかったためかもしれないが、鐘の姿態や夜空に流れる嫋々とした余韻など、鐘についての叙述が全くと言ってよいほどない。明の高啓（一三三六～七四、蘇州の人）の記した眉嫵・夫差女瓊姫墓の文面などは、当然出てきてもよさそうなムードのある描写だが……。わずかに同人の〝夜、西寺に投ず〟で「鐘は行廊を渡りて尽き、灯は俗院に微かに留る」とあるのみで、余り大きな音は出していなかったような表現である。

国家宗教であった唐代の仏教と、民間へ移った後代の仏教とでは、当時の識者の鐘に対する感覚に違いが生じていたということも考えられなくもない。

これら列記した鐘の音は青銅製なのであろうか、鋳鉄製なのであろうか。製鉄技術の進んだ中国のことであるから、鋳鉄でも幾分かは珪素やマンガンを少なくし、あるいは再熔解のときに脱炭させるといった工夫がされていたのかもしれない。または鋳造後に何らかの熱処理をして、表面に粘りを持たせたことも考えられる。それとも単なる潤色された状況描写にすぎなかったものであろうか。

高さ二メートルを超えるような大形でやや肉厚のものの場合、ゆっくりと冷却すれば金属組織は白銑ではなくなるので、幾分の強靭性・耐衝撃性は出るであろうが、本質は大同小異である。中国の学者によれば、宋代に銅の不足と鉄の増産から鉄鐘が数多く造られ、元代にはその材質改善が行なわれていたとのことである。鋳鉄技術の世界水準から突出していた先進国だけのことはある。いずれにしてもこれらの時代に、このような超大形の鉄鋳物を続々と製作した技術には驚くほかはない。

日本に伝世していたものは大部分が罅割《ひびわ》れしていることも、制作技術のむずかしかったことを物語っているのであろうか。日本でも鉄で鋳造した鉄鐘・鰐口・雲版など一二〇〇年頃の作品数点の伝世がある。鉄磬も破損したものを見ているので、形も小形であり多分白銑鋳物であろうが、わずかでも鳴物も鋳造されていたことが判る。

これらの梵鐘は遺物から考察すると、前述したように青銅鋳造の音響器具からスタートして、飛躍的な鉄生産の上伸に伴い、また寺院のありようの違いもあって、宋から明・清の時代に入って逐次大形化し、荘厳具へとその主たる役割が変貌していったのではなかろうか。青銅鐘と異なって音響に持続性が弱く余韻に乏しい鉄鐘、しかもそこには吊り下がった丸太のような撞木がなく、木槌で叩いていたのでは当然大きな音は出せず共鳴も弱かったであろう。これで果たして「諸行無常云々」の鐘の音が虚空にと流れたであろうか。

日本では「鐘が鳴るのか撞木が鳴るか、鐘と撞木の合が鳴る」などと言うが、この大鉄鐘の場合はどうも鐘の方だけが鳴っていたようである。時代は移って今日ならステンレス鋼でも鋳造できることを付記しておく（直江津市五智国分寺）。

〈武当山の鉄鐘〉

世界文化遺産に指定されている中国湖北省の西北部にある武当山は、道教の名刹として紫宵宮など多くの建造物が散在しており、また天柱峰を主峰とする山々に囲繞された、風光明媚の地として知られている。テレビでこの遺構を紹介したとき偶然に鐘を打っている場面を見た。高さ七〇～八〇センチの鐘（形状・色調からして鉄鐘と思われる）を、道士が幾分大きな木槌で打ち鳴らしていた。その音色は日本の寺にある青銅鐘を撞木で撞いたときの、ゴォーンーーという引きのある強い余韻の響きとは異なって、ガァーンという少し濁りのある余韻の短い音であった。四川省峩眉山のものも同様であった。

権力の結晶、鉄権《てっけん（こん）》

西安市の東部郊外驪山にある壮大な秦の始皇帝陵は付属の兵馬俑坑が有名であるが、ここに葬られている同皇帝は、春秋五覇の一人穆公の末である。紀元前二五九（昭王の四八）年に趙の都邯鄲で荘襄王の子として生まれたと言われ、十三歳で即位し、二十九歳で天下平定を成し遂げ、五十歳で没している。中央集権体制の整備や奴隷廃止などをはじめ、政治経済の発展策をとり国力の充実に努めたが、一方で咸陽郊外に阿房宮を建てたり焚書坑儒などを行なっている。尨大な戦費や万里の長城をはじめ、陵墓の築造（紀元前二一三〜二一二）などの大土木工事を行なう費用を調達するため、苛斂誅求もやったであろう。没後五年という短い歳月で秦は滅亡（紀元前二〇六）への道を歩んでいった。このあたりについては歴史認識の問題もあり、評価のむずかしいところである。

その皇帝が在位中に行なった施策の一つに、各国別々のものであった度量衡の制定があり、統制基準となる原器が威勢の浸透を兼ねて、行政組織の単位ごとにであろうが広く賜与された。ここでは、孔子およびその弟子の言行録である戦国時代の『論語』や『孟子』（魯の儒者・孟子〈紀元前三七二〜二八九〉の著）にも出てくる権の中で、鋳鉄で造られた鉄権《てつごん》について記す。

『史記』の本紀六秦始皇帝記によると「一法度衡石丈尺」とあり、財政政策の基本になる度量衡を自国の方式に則って統一したことが推定される。同帝の二十六年（紀元前二二一）のことであり、秦による戦国時代の終焉を宣言し、流通経済の面から皇帝が絶対権力者であることを厳達したものと言えよう。それはこの鉄権の一部に貼付、あるいは鋳込まれた詔の文面によっても理解できる。

この鉄権は出土品・伝世品が計一〇〇個を越えており、精巧なものから実用的なものまであって、また後世に造られた模造品も少なくないと言われている。そこで中国で認められているようなもの数点について、確実性のある文献や著者の中国で見たものなどによって、若干の解説を試みる。

権には鉄のものと青銅のものがあり、その大きさも規格に則って鋳造され仕上げられたものであろうが、大小かなりの規格種類がある。

鉄権の出土品はすでに北斉時代（五五〇〜五九〇）に長安で発見されているが、現在最も著名なものは、山西省左雲東辛庄で出土した中国歴史博物館蔵のものであり、始皇帝二十六年の統一度量衡詔板の付いたものである。形式は馬蹄形（饅頭形）平底つまり丼を伏せた形の上に、さらに杯状の横に穴を開けた鈕《ちゅう》を付けたような形である（以下総て大同小異）。これは高さ一九センチ、底の径二六センチ、重量は三二・五キロである。詔は八・四センチ×一〇・三センチの銅板に篆書体《てんしょ》で四〇字が鏨《たがね》彫りされており、「二十六年、皇帝尽く天下の諸侯を并兼し、黔首《けんしゅ》（人民）大いに安んず。号を立てて皇帝と為す。乃ち丞相状・綰（宰相以下官僚）に詔して、法度量もし壱ならずして嫌疑ある者は、皆明らかに之を壱にせしむ」と記されている。

また前漢のものと推定されている伝世品では、一五斤鉄権と呼ばれているものがある。これは高さ七・七センチ、底面の径一二・三センチ、重量は三五七五グラムで、側面に「□州（地方名）、十五斤」の文字が陽鋳されていた。

さらに若干小形のものでは四川省大足から出土したもので、後漢時代のものと推定されている、高さ五・七センチ、底の径七・五センチ、重量一〇二八グラムがある。この陽鋳銘は「汶江市平」の四字であるが、市平は王莽（八〜二三）が設置した郡治の所在地なので、この時代のものであることが確かであり、中原の制度がこの辺りまで浸透してきていたことが判る。四斤権であり、剝落していたが朱が塗布された痕跡があった。

このほか著者の見たものでは、西安市の陝西歴史博物館では出所不明の、馬蹄形と言うよりも底面が幾らか窄まった表面径一三〜一四センチ程度の壺形のもの。蘭州市の甘粛歴史博物館にある同省天水出土の詔を彫った権は、高さ一八〜一九センチ、底面二二センチ程度の銅板を貼ったもの。呼和浩特市の内蒙古歴史博物館では、高さ二五センチ、底径二五センチ程度の赤峰三眠井出土のものと、底面径四〜五センチ程度の二十家子出土の実用的な大小二個を見た。いずれも秦代と判定されているものである。

始皇帝と鉄の確保

河北の都市邯鄲。その発音からして何か鉄冶に関係ありそうな名称である。今日では高炉四基を有する邯鄲鋼鉄総廠の一貫製鉄所が操業し、年間二〇〇万トン超の出銑を示し、中国有数の鉄都となっている。近くに赤鉄鉱の団塊が密集しているところがたくさんある。この町は春秋時代は晋（紀元前?〜二七六）の趙穿（武子）の采地になっていたが、戦国時代には趙の都となった。同国の武霊王は匈奴と戦い、騎馬民族白狄人の国である中山国（紀元前五三〇〜二九六、鉄器の優品が多数出土）を征服して、周囲の交易ルートを抑えていたので、早くから東西の文物が入る立場にあり、西域の鉄や中山国の鉄を手にしていて、やがては鍛冶加工から周辺での製鉄技術まで受容したことが想像でき、秦がこの地を攻めたのもこの鉄産地を手中にすることにその目的があったと推測できる。

皇帝は前記のように邯鄲で生まれており、嬴政《えいせい》と名付けられて幼少年期はここで過ごしていた。したがって仄かでもこの地の鉄産を知っていたことが推測される。後に国王に匹敵するような鉄成金の漢代中国第一の製鉄家・郭縦が出た地域であるから、少年の始皇帝に強い印象を焼き付けるほどの盛況を示していたものと想像できる。中国考古学界の成果で城内から戦国・漢代の製鉄遺跡が発見されている。

この地方はよほど冶鉄での儲けが大きかったとみえて、漢中書令司馬遷著『史記』一二九巻の貨殖列伝に「女子則鼓鳴瑟、跕屣、遊媚貴富、入後宮、徧諸侯」とあり、花柳の巷が日夜盛況とあって、北側の中山国ほどではないが、邯鄲にもそうした華美遊蕩な状況があったようである。当時文章表現をするのに、漢人の扱い方は儒教思想に基づき、匈奴など遊牧民族については、生活環境から生じた習俗などを誤解し、性的にルーズなものと考えていた。その辺も勘案して読む必要があろう。後にも文人が「燕趙佳人多し」とこれらの地を表現しており、浮利の多い鉄産業地帯ならではの風景があったと想見される。当然有能な為政者がこのような利益に目を付けないはずはない。

この製鉄基地邯鄲が秦の攻撃を受けたのは、大部早くからで紀元前二五七年頃と言われているから、始皇帝以前からすでに渇望の地だったのであろう。これが紀元前二六〇年よりの秦と趙の合戦で、いわゆる長平の戦闘である。その結果、趙は滅亡への歩みを始めるが、それでも待望の邯鄲が秦の手に落ちたのは紀元前二二八年になってのことであり、鉄産地の韓を滅したのはその二年前の紀元前二三〇年で

西安郊外にある兵馬俑坑博物館とその内部

始皇帝の驪山陵

ある。かくて最後に斉《セイ》を滅ぼし、六国統合によって秦が天下統一を果たすのは紀元前二二一年で、鉄産地帯の確保と偶然時期を同じくしている。

これらの地を秦が抑えたことにより、秦に鉄製兵器の大量供給ソースが確立されたため、戦国動乱の中で六国に君臨することができたものと考えられている。しかし見学した兵馬俑坑の武器はほとんど青銅製であり、鉄製ではなかった。咸陽市付近の出土品でも鋤・鍬・鎌などの農工具類が主であり、それに秦の栄光を示す何個かの鉄権程度である。武器と農工具類など用途による使い分けがあったのか、古文献の記載と出土品では矛盾が見られる。

〈秦の天下統一は果たして鉄の力か〉

鉄製の武器を全軍に行き渡らせ、他に抽《ぬき》んでた戦力になっていたなどという憶説は、採るにたらないものであろう。むしろ古代製鉄の面からいえば、秦よりも魏や韓などの方が技術が進んでおり、また匈奴をはじめ雲南・チベット系などの辺境に住む多岐な民族も持っていたかもしれない、低水準の冶金技術。しかも大陸性気候の寒冷の地で、鉄剣の威力がどの程度のものか、冷間脆性など物性の点も考慮して判断しなければならない。兵馬俑坑出土の武具は注意してみたが、大部分が青銅製である。

しかし皇帝はわずか数年後に東方巡遊のみぎり、紀元前二一〇年（秦王政三七年）に河北の平台で病に没している。陝西省臨潼県にあるこの王陵は、石榴《ざくろ》の花が参道を鮮かに色どる、観光客の絶えない巨大古墳であるが、地下には侵入者に対して自動的に発射する弩が仕掛けられ、柩は地中深く水銀を満たした池に囲まれているという。この驪山陵は項羽《こうう》の軍が破壊したといわれているが、将来本格的に発掘されたときには、どのような鉄の優品が発見され、いまだ知られざる秦の鉄器文化が明かにされることであろう。

製鉄の始祖、蚩尤《しゆう》

中国では俗信で製鉄開始の祖を怪神蚩尤としている。その根拠は黄善夫所蔵本を唐の張守節が注釈した『史記正義』に記載された「銅の頭、鉄の額で砂や石を食べ、兵杖・刀戟・大弩を造る」を援用して、この文章から鉱石や砂鉄を製錬し金属製の武器を造った神とし、さらに発展して、諸々の鉄製兵器の生産を司った神と考えられるようになったものとされている。

神符や古書の挿画などはいずれも刀剣や戟などを持つ、容貌怪異の猛々しい姿を示しており、『史記』の各種注釈書などでは、この蚩尤についていろいろな切り口から解説している。唐の徐堅ら選の『初学記』によれば、何と八股遠呂智に似た怪物にまでなっている。

この蚩尤は南斉の祖沖之の著（梁の住昉撰ともいう）『述異記』の記載がよく知られており、『書経』（先秦時代は書、漢代に尚書、宋以降書経と呼ばれる）や古代地理書『山海経』（最初の五編は戦国時代編という）でも実存していたかのように書かれている。あくまで伝説なのであるが、伝承も何らかの事実を反映した虚像とするならば、次のようなことが言えるであろう。もともと蚩と言う文字は虫からきているものであり、醜いとか愚かといった意味を持っている。古代の異民族に対する中原からの蔑視の思想である。

その出身は従来山東省とされている記載が多いが、これは後漢・班固の著『前漢書』一上高帝紀の「高祖乃立為沛公、祠黄帝祭蚩尤於沛廷、而釁鼓、旗幟皆赤由所殺蛇白帝子所殺者赤帝子故也」をはじめ、『酉陽雑俎《ゆうようざっそ》』の記述なども総合すれば、漢の始祖・高祖劉邦（紀元前二五六か二四七〜一九五）が出陣のとき、降伏した秦王子嬰が秘蔵していた長剣で白蛇を斬り殺し、「これは白帝の子である。これを殺したことによって自分は赤帝の子として、秦に代わって天下をとる」と宣言し、旗印を赤く染めて蚩尤を祀った。なぜこのときに赤い色にしたかというと、蚩尤の墓から赤気が立ち登ったという『史記集解』に書かれているような故事によったものと推測される。それでなくても当時血や太陽に通じる赤色は、神聖とか権力を表現する呪術的な色だと考えられていた。また赤色は丹の色であり、それを鉄のもつ武力に結び付けたのかもしれない。こうした経緯から山東の人々によって評価され、蚩尤は怪神から兵主神の名で呼ばれるようになり、戦神として深く信仰されるようになったものと推測できる。しかし最後は黄帝と涿鹿の野に戦って殺戮されている。この北京北東にある涿鹿はあまり知られていないが、赤鉄鉱の産地である。

さらに、この蚩尤の出身を山東ではなく四川と見る人もある。古代中国の伏羲・黄帝・神農の三皇の中の神農が江南の烈山国王となった炎帝に当たるのであるが、その諸侯の一人に九黎《きゅうれい》国の蚩尤（黎九部族の長）が登場するのである。この九黎族は春秋時代には蛮と呼ばれた三苗の祖といわれ、湖北・江西省の辺りにも住んでいたチベット・ビルマ語系の種族。羌族もこの三苗から出て（周の太公望も羌系の人物という）陝西から南下し、四川（蜀北部）に勢力を張り、秦の台頭で西へと移動している。蚩尤と争ったという共工は発音からして、この羌族と関係があるのかもしれない。そのあたりから蚩尤の中国西部出身説が現れてきたのであろう。

一説には炎帝の孫とされ、炎帝が破れて西に追い出されたとき、四川方面にいたとされているので、蚩尤も随行していたとも考えられる。そうだとすれば四川付近の地は蛮族の伝承であり、神秘のベールに包まれているものの、鉄の祖神の出身地ということになり、地理的にもパミール高原を中心としてインド・モンゴル（パミール大月氏などを経由してミヌシンスクやバイカル湖南部なども含めて）、さらに西南シルクロードと呼ばれるビルマ・タイ方面などの金属文化が、チベット・新疆を通じて入ったであろうと考えられ、とくに後者の蜀の金属文化が注目され、四川方面が蚩尤→鉄の形で濃厚に結びついてくる。

蘇栄誉他編『中国上古金属技術』によると、この蚩尤は「炎帝集団の部落と抗争した蚩尤部落、これ東夷あるいは苗蛮集団と関係有り」と記し、ここでいう苗は現在の苗族とは別というが、その地および四川・巴蜀には古い青銅器文化があることを述べている。オーストラリアのノエル・バーナード教授によれば「巴蜀青銅器が中原の金属文化に影響を与えている」（『金属博物館紀要』一二号）と論証しているので、金属文化の水準や分布から考えて苗地に重ね合わせることもできなくはない。

おもしろいのは正大八年（元代一二三一）に好問（一一九〇〜一二五七、金の詩人）が歌った詩で、当時岐陽や長安の市街が押し寄せてきた元の大軍のために荒れ果てたとき、この金属製錬技術を利用して兵器を大量に造り鏖殺の引き金とさせ、都市を荒廃させてしまった蚩尤を引き合に出して、「従誰細問蒼蒼間、争遣蚩尤作五兵」と、この時代ならすでに鉄中心の文化になっていたはずであるが、理智による活用は措いて破壊の面での恨み言を述べている。

関羽が宋の徽宗皇帝の時世に、張天師に召され蚩尤を退治したという話が、現代の中国で神話復活によって創作されている。このような新型神話の登場してくる基盤も、この当時鉄の生産が躍進していたことを物語るものであろう。

もちろん、これが鉄器利用の本筋ではないことは『史記』『漢書』『管子』をはじめ、多くの史書に書かれていることでも明らかである。『前漢書』二四下の食貨志には「鉄と田は農耕の本」とあり、農業の基本は田と鉄にあると明記していて、塩鉄政策と絡んで重要視したそのほどが判る。この当時のものは出土品から推測して、一部の刀槍鏃のほかは、過半のものが鋳造された農工具などであったことが明らかで、富国強兵といっても蚩尤伝説の思惑のような、一〇〇パーセント鉄で固めた重武装の国にはなっていなかったようである。このあたり中国では鉄という金属の有効活用をうまく図っており、伝えられている中東諸国とは（灌漑工事用も幾分あるが）考え方が若干異なっている。中国の場合、鉄という素材が初期にあっては戦力というよりも、確実に生活文化を育む母胎となっていた。

注　『漢書』には正式には『前漢書』という呼称はない。『後漢書』と紛らわしいため前の字を便宜的に付けた。

円仁、入唐求法の道すがら

鉄製部品の乏しい木造の海洋船で

承和遣唐使として大使藤原常嗣（正式には日本国持節大使四位上〈任命時〉）に従い中国へと求法の旅に出た、慈覚大師（円仁）の記した『入唐求法巡礼行記《にっとうぐほう》』（八三八〜八四七年頃）には、その道中の詳細な記録の中に、途中で見聞した鉄に関する記述が若干あるので、そのあたりのことについて以下に摘出した。

この船出は承和五年（開成三年、八三八）六月十七日で、風待ちのために数日を空費して博多湾を出帆している。乗船の人員は三五人程度の規模と推定される。出航早々の六月二十七日の記載に早くも鉄に関連した記事が現れてくる。そこには「平鉄は波のために衝《つ》かれて、悉く脱落せり」とある。この鉄はおそらく竜骨代わりの従通材や肋骨、梁などの力のかかる部分、それに外板取付部の要所などを補強する目的で、釘で打ち付けた鍛造鉄板を指すものであろう。現在の加熱鋲螺釘にセットとなっている隅金や当金の類を指すもので、これが軋《きし》みでガタガタになり、役に立たなくなった状況を表しているものと思われる。

翌二十八日には揚子江の河口の影響らしい海水の変色を認めて海深を測量しているが、「縄をもって

（これに）鉄を結び、これを沈むるにわずかに五丈（約一五メートル）に至る。少時を経て鉄を下して海の浅深を試むるに、ただ五尋（約一二メートル）なり」とあって、測深に錘《おもり》として鉄材を使用していたことが判る。しかし、この鉄材は分銅のような程度の小さなもので、錨ではない。同書の記述でも錨には石材を使っていて、矴《いかり》の文字を用いており鉄製のものではない。この点はさらに五百年後の元寇の役の時代になっても、大部分のものは石製のものを使っていたのであるから、この当時まで遡ったら当然のことであろう。上陸は七月二日揚州の海陵県である。

日本を出発して五カ月近く経った十一月七日の項に「開元寺の貞順は、私《ひそか》に破釜（故銑）をもって商人に売与す。現に十斤あり。その商人は鉄を得て出で去る。寺門の裏において巡検人に逢い、勘捉せられ（罪人として捕らえられ）て帰り来る。巡検五人来たって云う、『近者（江蘇省揚州大都督李）相公は、鉄を断って売買せしめず、何ぞ輒《すなわ》ち（ほしいままに）売与するや』と。貞順答えて云う、『未だ売与を断ずることあるを知らず（売買してはいけないという法令が出たことを知らない）』」と、このように記述している。

その結果については「勾当ならびに貞順は実情を具して処分を請う。宮中は免許せり（役所は許した）。自ら揚州管内鉄の売買を許さざることを知れるなり」とある。これは通貨不信によって貨幣価値が下落し、そのために銅鉄を熔解して造った偽金《にせがね》が出回り、しかもその量があまりにも多かったので、鐚銭《びたせん》として認めざるを得ないような状況になってしまった。そこで被害の続発を防ぐためにとられた応急措置ではなかったかと考えられる。

開成四年六月一日には中国官憲の滞在許可が下りないため、止むをえず同月三日に山東半島の南部海域を遣唐使船が巡航中、激しい暴風雨に遭遇してしまった。そのとき水夫たちは鋒《とびぐち》・斧・太刀などを振るって音を発し、叫び声をあげて霹靂《へきれき》（激しい雷雨）の害を避けたことが書かれている。これは雷・風雨の神に対する呪術であって、鉄の霊力によって悪魔を払う民俗的な習慣がすでにあったのであろう。

一歩進んだ鉄製品を見聞

なお七月下旬に円仁以下三名は山西省北部の五台山に行くため、帰国船に乗らず山東半島東端の赤山院に留まったが、その行旅に携行を許されたわずかな品は、鉄鉢一・銅鋺二・銅瓶一、そして文書二〇巻と寒さをしのぐための衣服のみであった。鉄鉢は鉄板製の応法器である。

承和七年（開成五年、八四〇）四月四日の記事には、長山県の手前にある斉南の西側の古県村廓で民家に宿泊したところ、この家の主人が鍛冶屋で沛県の出身と述べているところをみると、年代はそれよりもずっと前であるが、八五〇年前（河平二年、紀元前二七）に例の高炉（熔銑炉）爆発事故があったとされる江蘇省の沛郡から、一七〇キロの道を転居してきた人々の子孫ではなかろうか。事故は五行の関係とも考えられる。

こうした経路で同年の五月二十日以降四日ほどで一行は中台頂に至り、頂上の南側で武婆天子の鉄塔（則天武后〈六九〇～七〇五在位〉の建設かどうか不明）を見ている。覆われた鐘の形をしたもので周囲四抱えもあって、中央の一基は高さ一丈（約三・一メートル）、他は八尺（約二・五メートル）。そのほか東台台

五台山塔院寺の真白いパゴダ

頂でも三基存在していたものをはじめ、西台台頂の竜池の端でも鉄塔を見ており、これら武后の鉄塔は円形で各層の屋根がなく、高さ約一・六メートル、周囲は約六メートルあったとしている。北台台頂でも同型式の鉄浮図《テッフト》ともいう鉄塔一基を見ている。なお、往時の鉄塔は記載から推理すると、インド式の初期パゴダを模し、鋳鉄で分割鋳造したもののようである。著者は五台山では主として菩薩頂付近を中心に歩いた程度だが、鉄香炉・鉄塔・鉄鐘・鉄雲板・鉄天水槽など見受けたものの、明・清時代以後か近作のものが多かった。則天武后のせっかく建設した鋳鉄の仏塔や香炉は、北方民族侵入の影響や廃仏の嵐が吹き荒れたため、国家仏教の没落によって生じた排仏騒動の前に、一瞬にして破壊され鉄屑と化して消え去ったようである。往年の文革の影響はどうだったであろうか。翌日北台から南側に下るところで、燋石つまり石炭の露頭とその燃焼している状況を目にしており、これを僧侶らしく地獄の風景に擬している。

この地獄を見たという記述、著者はそれと同じような風景を五台から太原に向かう山道で見た。道路に取りまかれた山裾の荒れ地に、いきなり散布されている石炭に火をつけ、炎々濛々と黒煙を上げて焼いており、適当な頃合いに土砂や注水によって消火していて、質の良い部分を集めて使用しているようである。近くに煉瓦の製造工場が二軒ほどあったので、その辺りの用途に供しているものかもしれない。鉄にしても他のものにしても総て生産量が少なかった時代なら、こんな原始的な技法で調達していてもよかったのであろう。石炭の伏せ焼きといったところである。

太原府の開元寺では閣内に仏身で三メートル余りの、鋳鉄弥勒仏があったことを記している。

八月に入ると太原から南下して長安に向かい、汾州（汾陽）、晋州（臨汾）などの鉄産地を通過しているが、製鉄や鋳造について特記しているところはない。ただ黄河が東流する地点に近く蒲津関（蒲州）で見た浮船橋は、巨大な鋳鉄製の鉄牛四匹に鉄索を渡し、これに船を繋ぎ止めて橋としたものであった。これは『円珍伝』などの文献からも推察できる。こうした施設はここだけでなく各地に設けられていたことは、近年山西省の西南端にある永済県で、玄宗（六八五〜七六二在位、唐六代の皇帝）の開元十二年（七二四）に、李隆基によって造られたものが発見されていることでも判る。

太原市崇善寺の大鉄鐘

政治体制に翻弄された鉄

承和十年（会昌三年、八四三）の六月二十七日に長安の東市が失火による被害を受け、曹門より一二行、四〇〇〇軒が焼けたと記している。しかしこれは少々過大な表現ではなかろうか。当時は長安に行が二二〇行あり、同業組合的な同一業者の集合体で、鉄屋のグループも一行をなしていたという。したがって運が悪ければ鉄行もその中に含まれていたかもしれない。

この年の九月十三日付けの記述では、駙馬都尉の杜悰が淮南節度使に任ぜられ、塩鉄使を兼任している。この年代については編纂上のミスという説もある。しかしそれはともかく、塩鉄を国家で管理する制度（紀元前一一九～一一七）は、漢が西域政策の遂行による国費の膨張に対処するため、製鉄の収益から徴収していた間接税を、国家の専売に切り替えて本格的な増収を図ったものであるが、その機構が政治体制の変遷にかかわらず、官僚機構の肥大化と安史の乱（七五五～七六三）や田承嗣の乱（七七五）など各地に勃発した反乱や、チベット族に対する施策（七四一、七八九、七九六）の必要もあって財政が逼迫し、漢代より九百年を経ても修正されつつなお存続していたことを示している。

承和十二年（会昌五年、八四五）の頃中原では仏教が弾圧され（六月二十八日）、マニ教やイスラム教も暴圧されて宗教は大きく道教に移行しており、揚州の街では僧尼が還俗を強いられ、故郷に帰させられていた。その折りに発布された公文書には「天下の銅仏、鉄仏は尽く毀砕《こわ》して斤両《めかた》を秤量《はか》り、塩鉄使に委して収管し訖《おわ》り、具《つぶ》さに録して聞奏せよ」とあり、これはもう単なる鉄の回収ではなく、そこには文面から金剛不壊とも考えられた鋳鉄製の仏像、仏具まで破壊し尽くしていく、異常なまでの武帝（唐一五代の武宗炎、八四〇〜八四六在位）の、道教傾倒の激しさが読みとれる。それがもとで不老不死の希求となり、盲信のあまり徹底した仏道排斥がエスカレートしていったものであって、宗教界に大混乱が生じたことが窺える。

そのような波乱の余波もあって、一行は七月五日山東半島先端部の登州文登県に強制移動させられているが、携行荷物の中に餞別として貰った新羅刀子一〇枚が含まれていた。これはナイフと言うよりも剃髪用の上等なかみそりと想像される。揚州北方の楚州付近には当時新羅人の居留地があったというから、この辺りから入手されたものではなかろうか。

十一月三日の項には「三〜四年来勅命によって僧尼はすべて還俗してしまい、仏堂・精舎・寺舎等を壊し終わった。（中略）天下の銅鉄仏を打砕して斤量を秤り収検し訖《おわ》る」とある。前記の布告が短期間に徹底したことを示すものであろう。これは一皇帝の秕政というだけでなく、チベット族北進（唐吐蕃同盟、八二一）の影響などが民衆に浸透した結果ではないかと考えられる。

帰国は出発より九年余を経た承和十四年（大中元年、八四七）の年末近くであった。

〈隕鉄で刃物を製作〉

人類が鉄器を使用しはじめた発端は、一説に隕鉄の利用からといわれている。萌芽期の出土鉄器の分析データから推理しても、その確率は極めて高い。この素材は現代の刀剣や刃物の製作技法からすれば、幾つかの問題点があって、研究者によっては製作の可能性を危惧している向きもある。鉄の創始を人工によるものと考える人々ならずとも、科学技術を中心に追及すればもっともなことであろう。

確かに幾ら鉄であっても、一トンもあるような大きなものでは切断しがたくて困るし、適当な大きさの隕鉄を取得するのは容易なことではない。またちょうどよい大きさでも、硫黄が多いと鍛造に際して欠陥が生ずる。さらに濫觴期の成形鍛造技術・表面酸化鉄の除去方法では、加熱温度の不十分さから成形も意に任せなかったであろうし、完成品から黒皮部分をなくすこともむずかしかったであろう。また刃物の進化の第一段階は焼き入れといわれるが、その技術を知っていたとしても、浸炭・焼き入れなどをしなくても宝器的なものなら十分で、全くできないとするのは現代人の思い込みである。隕鉄の場合は実施した例を聞かないが、やったとしてもまずかなりの比率のものがニッケル含有の点で入らないケースもあり、また、燐や硫黄含有の点からこれができないで罅割れを生ずることもある。

しかし青銅器時代末期の段階では、隕鉄は初めは祭祀の対象であったであろうが、鉄器とくに宝飾的なものや小さなナイフ状のものに加工されたであろうことは、否定できるものではないであろう。なるほど現代の刃物の常識から考えるならば、先に列挙したような欠陥がある。しかしそれは現代の立派な刃物の先入観で見るからであって、ようやく金属を手にし得た時代の感覚ではない。完全無傷の鉄製刃物といえるようなものは、できなかったであろうし期待もされておらず、完全なものは長い期間の試行錯誤の結果に生まれてきたものと思う。

〈熱処理の知識〉

鉄で造る器物に必要とする性質や状態を与えるために行なう加熱や冷却の操作を熱処理という。例えば刃物の場合は赤黄色を呈する九五〇度程度まで灼熱して、これを水中に投ずると鉄中の炭素が分散して焼き入れができる。しかしこのような焼き入れをしただけでは、引っ張りの力は強くなるものの打撃に弱く、とくに武器（刀剣など）の場合は鍛造技術の不完全、非金属介在物の嚙み込みなどとあいまって致命的な欠陥になる。その欠点をカバーするためには、一度焼き入れしたものを再度加熱して、焼き戻しや焼きならしの技法を施さなければならない。また焼き割れをはじめ焼き歪みなどを生じた場合には、せっかく完成しかかったものが使いものにならなくなってしまう。こうした失敗を防ぐためには試行錯誤の頃は、経験が豊富になるにしたがって油の中で完全に冷却をしてしまわずに、途中で引き上げて引き続き水の中に投げ入れるとか、空冷をする二段焼き入れの方法なども想像される。

焼き入れの温度加減をはじめ、冷却に際して単なる水でよいのか、粘土水のような場合はどうなのか、血液・尿・油脂・樹液などではどうなるか、長い期間にわたって工人の伝承に試行錯誤の成果が加えられていったことであろう。水の場合でも冷水と温水では当然効果が違ってくる。さらに焼き戻しや焼きならしの場合は加熱具合によって、成果に大きな開きが出てくる。こうした点を総てクリアーしなければ、完全な熱処理にはならない。このような作業が理論ではなく技能の実践という形で、父から子、親方から弟子たちに教えられ、身体に覚えさせて次の世代へと改善させつつ伝えられてきたのである。中国の古典ではすでに『史記』天官書、『前漢書』王褒伝に水焼き入れの記述があり、唐代頃になると『北斉書』や『太平御覧』などに油焼き入れの記事が見えている。日本では少し後になるが、刀剣鍛造の秘伝書などに和歌の形で記されている。

王墓を閉鎖した熔鉄は

どこの古代国家も王侯の墳墓が盗掘されることを防ぐため、施工者は大変な苦労をしたようである。エジプトはピラミッドなどに迷路のような構造を造り、中国では強靭な密封技術によって行なっている。しかしいずれにしても盗掘者集団の技術はその上を行き、膨大な価値を持つ副葬品が大部分持ち出されてしまっている。秦の始皇帝の陵墓も堅固な防御施設が工作されたといわれているが、伝承では一部すでに盗掘の難にあっているとも言われている。ここでは鍛鉄製の鎹や熔銑を用いて羨道を封じたと推定されている、中国の二、三の例について記す。

則天武皇后（六二四〜七〇五、六九〇〜七〇五在位）は唐の第三代目の皇帝高宗（六四九〜六八三在位）の妃であり、高宗がわざわざ王皇后を廃除してまでも、後に利州都督になった成り上がりの材木商の娘、武照を皇后として入内させたものである。病弱の高宗に代わり三十年間にわたる執政時代を過ごし、天授元年（六九〇）に帝位に就き周王朝の再現を図って国号を周（武周）とした。仏教を厚く信奉して政治的に誹謗されている点もあるが、五台山にかつて立っていた数基の鉄塔寄進、さらに『新唐書』巻七六列伝第一后妃上の則天武皇后に記載されている、延載二年（六九五）に銅鉄二〇〇万斤（約一二〇〇トン）を費やした高さ一〇五尺（三〇メートル余）の大仏塔を建設したなど、妙に鉄と縁の深い人物である。

こうした夫婦皇帝・高宗（李治）と則天武后を合葬した乾陵《けんりょう》が、西安市の北西一〇〇キロ近くの所の乾県という町にある。神竜二年（七〇二）に工事が完成したもので、その羨道部分の入口は石材の積み上げになっていて、石と石との連結には「用鉄細腰嵌住」と表現されており、封鎖の資材に石と鉄が用いられていたといわれている。『中国考古学辞典』では「以石条塡砌」とのみであり、『中国手工業簡史』では「墓道石用鉄栓板聯接」とあるが、一説には熔錫を使用したとも言われ、確かなことは判っていない。

このような墳墓鉄封の話は、最も古いものでは『史記』巻一〇二列伝四二の張釈之の項に「意惨悽悲懐顧謂羣（群）臣曰嗟乎以北山石為槨口用紵絮斮陳蕠漆其間口豈可動哉左右皆曰善釈之前身曰使其中有可欲者雖錮南山猶有郤使其中無可欲者雖無石槨又何慼焉」とある（一部漢字書き換え）。

これは漢の孝文帝から「北山の石で墓の槨を造れば盗掘されることはないか」との下問に対して、張廷尉釈が「その中に欲するものがあれば、南山を錮してもなお万全ではないでしょう」と答えた話である。この錮という文字は『説文』には「鋳塞也」とあり、『繫儀』では「鋳銅鉄以塞隙也」、『段注』では「凡銷鉄以室穿穴謂之錮」とある。『集解』や『索隠』による注釈も大同小異である。しかし確かに鉄を用いていたとしても、文人の常でその用語を冶金技術的に熟知して使用していたものかどうかは疑わしい。鉄で固定させたことは判るが、熔銑か鍛鉄かの別などは出土品を見ない限り判じがたい。

この鉄の産地について文中で北山の石で造った槨と述べているから、新疆ウイグル自治区にあった亀茲国の北山（南疆の崑崙山脈にゴビ砂漠を挟んで位置しているところから、天山山脈を部分的に北山と呼んでいた）であると仮定すれば、同地は著名な鉄産地のことでもあり、もちろん利用の可能性は濃厚である。しかし、秦漢時代の首都を中心に考えればそのような遠方ではなく、咸陽や長安からみて北に当たる＝陰山山脈では匈奴の領有であり、距離的にも離れすぎている気がするので＝五台山の南麓とすれば、東南側には鉄資源が豊富であり古代製鉄が盛んに行なわれた地があるので、単純に北方という論拠でこの付近の山を噂に聞く大鉄山といった意味に使っているのかもしれない。そうとすればこの記述は北山と南山を対比して記している文章上の脈絡もあり、山西省か河北省辺りで産出した鉄を指しているものと思われる。『前漢書』巻三六列伝六の楚元王伝の劉向の項にもほぼ同文の記載がある。

銑鉄の鋳入で封鎖する場合を仮定すると、厚さが五〜六センチ以下では大鎚で叩けば割れてしまう。盗掘防止のためにはどうしても一〇センチくらいは必要である。この際、強度上芯金になるように鍛鉄棒を格子状に入れるとか、還元鉄の塊りを積み上げるかしていたかもしれない。なおそこに銘文があったとしたら、それは鋳型の役割をもつ粘土壁（磚）に、あらかじめ裏文字で彫っておいて陽鋳にするか、平滑に鋳造したうえで文字の彫られる部分を脱炭させ、そこに鏨で彫り込んで陰刻にしたのであろう。鉄の産地とはいえ、中山国の満城の時代にこのような工事がしてあったとすると、古代中国の製鉄は我々の想像以上に進歩していたことが判る。

表面部に装飾や文字がなかったにしても、漢時代の技術で三〜四メートル角の極厚鋳鉄板を造るのは、下にかかってくる重量などを考慮すると容易なことではない。鉄銭や鉄釜の鋳造などとはわけが違う。満城二号墓の調査例では、粘土や煉瓦によって構成されているトンネル状墓道の障壁は、縦横三メートル強を密閉するもので、障壁の厚みは合計四五センチを越えており、熔銑注入部分は厚さ一四センチ前後で、概算一三トンほどの銑鉄が流し込まれているはずである。なお完全に盗掘されるのを防ごうとすれば、その基礎部分の下側や横へと掘り込みを造って大石を置くなど、熔銑を数トン余分に使って厳重な地形《じぎょう》の施工をしなければならない。

中山王嚳《さく》の陵墓から鉄足大鼎や鉄製火盆など、立派なものが出土しているが、その中山国が滅び（紀元前二九六）匈奴が台頭しはじめた頃、そして戦国時代が東周や趙を滅ぼした秦による統一に近づいた頃、まだその頃の日本は弥生時代の初期であり、中国から小さな鉄器をやっと入手していた程度にすぎず、鉄器文化の走りとして極て珍重されていた時代であった。また、この満城王墓の場合は、美女が灯籠を持った形の長信宮灯が出土したことでも知られている、そうした金属工芸の進んでいた山西省・河北省の地であるが、約七百年下った唐の高宗・則天武后の合葬墓乾陵の場合とは、比較にならない先駆的な技術上の苦心が払われたであろうと思われる。

このようにみてくると古代墓の鉄封は、豪華な副葬品を盗掘されないために陵墓の施工者が、盗掘者の墓暴き技能の急迫に絶対を期して考えた技法である。大量の熔銑による墓門の部分の注入固化は、鶴《つる》嘴《はし》やハンマーでは容易に破壊できない。当時の盗掘防止法としたら最高のものであろう。鍛鉄の太い条鋼で格子状に造っても、盗掘に対する防御力としてはかなり劣ったものとなってしまう。

この施工にはおそらく築墓用地の山丘の裾上部に当たる、羨道《せんどう》入口の上部付近に熔解炉をしつらえ、吹子を四基程度備え、ここで原料銑を熔解したはずである。そして熔銑を墓門上部の鋳口まで煉瓦樋を伝わるようにして、切り石や版築などで二重に積み上げる工法で造った、いわば垂直に大形門扉の鋳型を立てたような状態のところに、上から流し込んで閉塞したものであろう。その位置が通路深く入らず比較的入口に設置されているのは、現場を見ていないが奥へ入ると工事がしにくかったからであろう。

この墳墓の入口を金属で塞ぐ築造法は、前期の満城や乾陵などにとどまらず、程度の差はあったであろうが、他の地域でも有力者の墓には用いられていたようである。『酉陽雑俎《ゆうようざっそ》』の巻一三尸穸《しせき》（遺骸）によると、租庸や塩鉄、常平などの使を歴任し、御史大夫さらに吏部尚書ともなった劉晏（七一六〜八〇、唐代の財政家）の下役で、陝西省高陵県に農場を持っていた李邈の、そのまた下僕（小作人兼墓泥棒とも言えよう）が農場近郊の松林の中の墓地を発《あば》いたときに「傍らを数十丈掘っていくと、石の門にあい、そこは鉄汁で固めてあった。幾日もかけて糞をたくさんかけたら、やっと開けることができた」「入口には絡《から》繰《く》り仕掛けの矢の発射装置などが設けてあり、木製の人形が剣を振り回した」と記している。この文章から、基礎の石や扉の石を鉄の鎹で止めたという程度ではなく、熔銑を流し込んで入口を完全に固め、盗掘防止に万全を期していたものではなかったかと想像できる。

〈鉄鋼統制の足取り〉

鉄を国家統制によって財政に直結させる考えは、すでに鉄産地の邯鄲を魏との間で取ったり取られたりの趙にあった。紀元前三六〇〜三五〇年あたりのことである。『史記』酷吏伝の張湯の項に、ごく初歩的なものであろうが、鉄官が存在していたことが書かれている。

漢代に至って本格的に実施されたこの制度は、前漢の元狩四年（紀元前一一九）に大製鉄業者の孔僅《こうきん》によって立案され、大農の管轄下に大小の鉄官（大は鉱石製錬鋳造、小は古鉄の再生加工）が置かれて、徴税ではなく専売によって、直接的に財政収入を確保しようとする策であった。新の王莽もこれを六筦の制度の一つとして踏襲していた。

したがって所管した長官は事業の性格を熟知した専門家に頼らざるを得ず、大司農・大農令に『前漢書』の百官公卿表によれば、鉄屋出身の孔僅（南陽出身）は元鼎二年（紀元前一一五）に、桑弘羊《そうくよう》（洛陽商人出身）は天漢元年（紀元前一〇〇）に任命されている。まさに民間識者の起用である。

『塩鉄論』には、後に政争に絡んで行なわれた塩鉄会議の様子が、一部の修正はあったにしても、桑弘羊の現状維持論が通り、存続に決まっていった経緯が詳細に記されている。元狩年間は中国史によれば衛青《えいせい》や霍去病《かくきょへい》が十万騎、十万人の兵士を率いて西域へ進撃した頃であり、膨大な匈奴対策などのための経費調達が不可欠の目的であった。

鉄官制度の後を引いた統制方式は五代に至って弛緩したが、宋代になると再び組織の強化が図られて徹底をみた。宋は資源に恵まれた山西地域を、採掘・製錬の中心地として振興を図ったので、『宋史』志第一三八食貨志下七坑冶の記述では、鉱産物の飛躍的増産のあったことが窺われ、鉄についても詳細な記載がされている。

『宋史』職官志によれば、宋の太祖（九六〇〜一〇二〇）と太宗の時代（十世紀後半）には、中央の官庁として中書門下省・御史台・枢密院、それに三司の四機関が設けられたが、この三司には戸部・塩鉄・度支の各部があり、鉄はもちろん塩鉄部が所管して各長官の下で歳入調達を担当し、この頃には肥大化した官僚機構と軍隊の経費を捻出していた。

しかし明（一三六八〜）・清（一六一六〜）の時代となると、鉱山関係の財政は私採徴税の方式に変わり、国は直接生産にタッチしていないので、そのため鉄の生産に対して、風水その他の迷信を理由として禁止令も出たが、それでもそれらを克服して著しい生産量の上昇を示した。

海外貿易で鉄が賓鉄と呼ばれて入荷するケースは、文献で見ると北側経由のものだけではなく、南海を運ばれたものもあり、南支の港町である広州・泉州などでも船載されてきたものが多かった。例外的に山東半島の密州膠西県などにまでも、船の出入りが見られている。これらの海上交易による取り引きが頻繁になった宋代には、商品はすべて転運使のちには提挙市舶司の管理下になっていた。

一部鉄鋳物状をした青銅器

銅の鉱石には産出の状態によって、鉄分を含有している量がかなり多いものがある。鉱石名で言えば$CuFe_2$黄銅鉱、$CuFe_2S_3$キューバ鉱、Cu_5FeS_4斑銅鉱などがあげられよう。これらは接触交代鉱床から産出のものが多い。この型式の鉱床はスカルン鉱物を伴うが、金属としては銅・鉄をはじめ亜鉛や鉛を含んでいる場合があり、花崗岩体に接近していることも注目される。

銅鉱山の廃坑でその後に鉄鉱石を採掘したケースは、こうした鉱床であった証拠と言うことができる。イタリアのエルバ島、中国の銅緑山、日本の釜石などがこれに該当する。キプロス島も銅で有名だが含銅硫化鉄鉱が出るので鉄も産出していた。こうした鉱石で生産された粗銅を原料として、青銅の鋳物を製作するために熔解すると、ルツボ内で炉内の温度が上がるに従って、銅と亜鉛・鉛などは熔融して合金状になり、鉄は合金になりにくいのでほとんど分離した形になる。

一説には硫化銅鉱を製錬する際に鉄鉱石を加え、じゃまものの硫黄分を除去していたともいわれ、そのような技法が用いられていたとすれば、そうした面からもこのような現象が生じたであろう。こうした冶金過程での推移が副産物を生み出し、人工での還元鉄生産へと進んだという説もある。いずれにしても原始的な技術では、銅と鉄が凝固時点に比重の関係で不完全な分離現象を起こすからである。

もちろん技術の進んでいた中国の場合は、その鉄分は排出させて除去していたであろうが、作業の性質上どうしても完全に分離というわけにはいかず、鋳型に注ぎ込まれたときに偏りを生じて、局部的に鉄分主体の部分を発生させてしまうことになる。銅製錬の滓の皷《かわ》が鉄分四〇パーセント前後なのに対し、銅分は三五パーセント程度などといったことでも、古代の銅鋳物にいかに鉄分が多く含まれてしまう場合があるかを推測させる。また利潤追求の点から高級品と並級品の違いも出てこよう。

こうした材料で製作されたと推定できる、とくに不規則な形状で銑鉄から生じた鉄錆が被覆しているような部分の多いものを、二、三例見ているので次にあげる。

一つは上海博物館に展示されていた、河南省輝県出土の交竜紋鑑と呼ばれる大形の鉢である。これは春秋晩期、つまり戦国時代に差し掛かる頃であるから、紀元前四七六年前後ということになるであろう。秦の天下統一より二百五十年くらいも前のものである。当然重文級の立派なものである。

直径約一二〇センチ、深さ五〇センチ近いもので、周囲に虎・豹・象などのような別鋳品と見られる二〇センチ程度の動物像が取り付けられており、それらの数カ所には直径二〇センチ足らずの銅環が付けられていた。鋳肌は青銅が持つ深緑の平滑なものが主体ではなく、むしろ酸化銅特有の浅緑でややザラついた感じであり、表面の約三割近い部分が鉄錆状を呈していた。原料はこの付近で造ったものとしたら、おそらく銅緑山辺りのものかもしれない。

二つ目で顕著な状態を示していたのは、敦煌市立博物館にあった王維の詩「君に勧む更につくせ一杯の酒」で有名な、敦煌から西南へ七〇キロと陽関に近い南湖の遺跡から出土した銅釜甑《こしき》

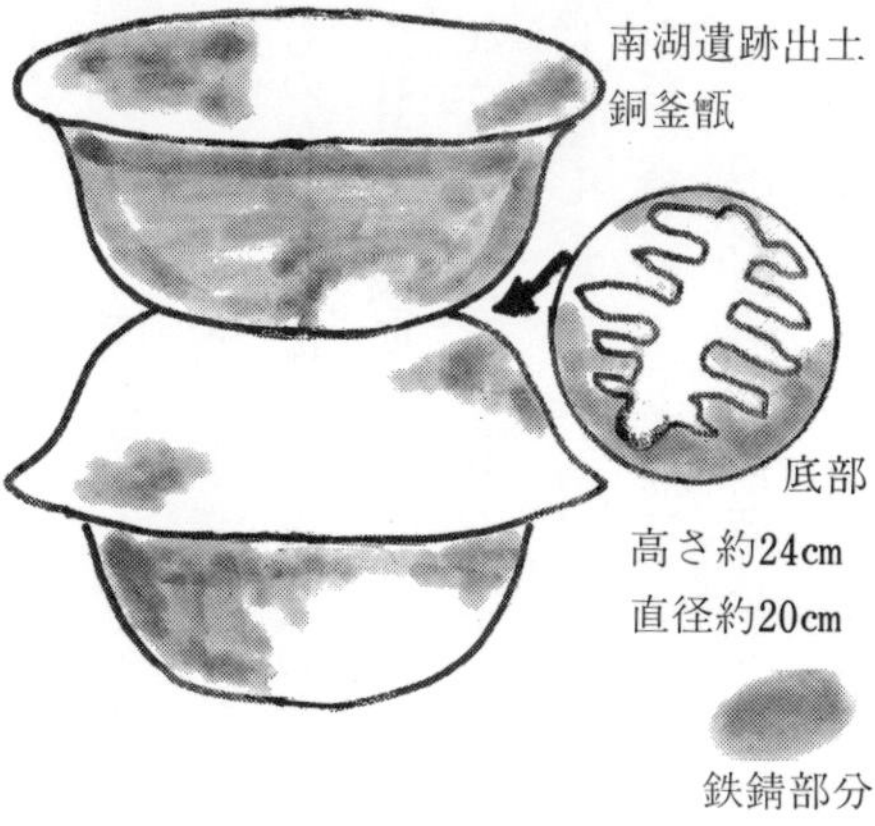

一部鉄鋳物状の青銅器

中国黄河沿いで産出の鉄鉱石（海外製鉄原料委員会の調査データによる）

元素		鉄	珪酸	酸化マンガン	硫黄	燐	銅	酸化チタン
山東	金岺磁	64.10	3.87	0.20	0.553	0.062	0.275	—
〃	〃赤	58.88	8.06	0.17	1.617	0.111	0.276	—
江蘇	利国	58.40	138.00	0.35	0.143	0.034	0.70	—
安徽	桃沖	52.20	14.88	—	0.008	0.014	0.008	—
〃	銅官山	52-58	9-6	—	0.35-0.03	0.09-0.04	0.4-0.03	—
湖北	大冶	59.30	8.83	—	0.222	0.068	0.284	—
河北	灤原	53.21	2.22	—	0.091	0.046	—	12.26

注） 大冶は黄鉄鉱・黄銅鉱を含む。同省黄石市の古来有名な銅緑山はここに接続。灤原は含チタン鉄鉱であり、銅分は含有されていない。含チタン鉄鉱を使用した場合の鉄滓は、バナジウムも含まれており、その製錬滓は砂鉄製錬のものと間違われやすいので参考に掲げた。

このような接触交替鉱床の鉄鉱石中には、銅・鉛・亜鉛などの非鉄金属を含んでいるものが少なくない。我が国の代表的なものでは、東北地方の北上山脈・阿武隈山脈にある釜石・赤金、さらに八茎などの鉱山があり、かつては磁鉄鉱の採掘とともに、銅の鉱石も採っていたことが知られている。

である。これは三段重ねの青銅で造られた小型円形の蒸籠《せいろう》であって、直径は最も太くなっている部分でも二〇センチで、高さも重ねたままの状態で二五センチ前後、周囲に文様などはなく宝器とは考えにくく、また実用の具としては若干小さすぎると思われる。前漢初頭頃この地の首長だった人物が購入したものか、任地へ持ち込んだものか、何らかの用途（例えば漢方薬用など）に使っていたものと考えられる。これがまた表面に鉄錆の発生がはなはだしく、一番下側の水を入れる部分と蒸し物を入れる上側の部分などに顕著に認められ、底の一部などは鉄鋳物ではないかと思われるほどであった。青銅と銑鉄を別々に熔解して鋳型に注ぎ込むということは、まず考えられない。とすると熔融時に不規則な分離をしたものが、錆となって表面に目立って出てきたものであろう。

古代中国の冶金技術者はすでにこの段階で、科学的判断はできなかったまでも、経験の蓄積で銅・鉄の鉱石が混在している鉱山があることを承知するようになり、その後量産体制や品質の向上などが進むと、若干の地域差はあったであろうが、採鉱や選鉱の面で一層の技術進歩が図られて次第に選別採掘が行なわれ、こうしたものは紀元前のみで姿を潜めたのであろう。

このような銅含有量の極度に多い製品ができてくる可能性を、そうした製品の多い中国北部の鉄鉱石からみると、選鉱した銅の少ないものであろうが、化学分析の結果からは前表のようなことが知られる。

〈磁石の知識と鎧の実情〉

　中国で磁石の物性を、雲霧の中でも行動できる指南車に応用したことはよく知られている。この偉大な兵器を発明したのは黄帝と言われているが、実際の戦争に使えるものとしては、馬勺による司南の勺の創案がされてからのことであろう。

　もっとも唐の太宗が六四八年に著わした『晋書』巻五七の馬隆の項（列伝第二七第三項）に、磁石を用いた戦術として荒唐無稽に失するが、チベット・ビルマ系の遊牧民である西羌討伐の折りに、鉄鎧を付けた敵兵の行動を磁石で阻止して、数千人を殺傷して勝利を得たと記している。この付近、当時の戦闘では革甲が主であったであろうから、磁石の存在を知ってのフィクションであろうが、その反面少数例にしても青海省・甘粛省・四川省辺りで造られた羌族の鉄鎧が、非常に優れたものであったことを仄かに示しているのかもしれない。

　中国の西周の周公旦作といわれ、また前漢末の劉歆の偽作ともいわれる『周礼』の考工記に、鎧の製作についての記述がある。そこには鎧造りの職人は犀《さい》甲七連（実際は堅甲の意）（牛革）、兕《じ》甲七連（実際は一角野牛の革）（虎革）、合甲五連（牛革貼り合わせ）を用いて造ったことが書かれており、これらが百年から三百年もの間もつことを記している。これらの革鎧が防御武器として十分役立っていたことを示すものである。

　鉄や青銅が使われている時代になぜ革製の鎧なのかということになると、鎧本来の役割である身を護るという防御性もさることながら、戦場での機敏な行動を優先させるために軽量化が要求されていたのであろう。

第三章　パミールを越えた鉄文化

超貴重な鉄器素材

鉄の半製品は人工鉄の時代になってもその生産量が極めて少なく、できた鉄が即成形鍛造された時期には造る必要も余裕もなかったであろう。しかし幾らか量産（と言えるほどではないが）されるようになると、隊商による交易品としてのわずかな入手もあったであろうが、版図拡大に狂奔する古代の優勢な国王によって、武器素材としての鉄の生産地や備蓄地の獲得が目論まれる。そうした時代になると珍貴な品として一、二のものを入手していた頃とは異なり、初期の粘土板文書で解釈されてきたような異常な評価は影を潜め、武器の量的確保や自国流の形式統一などのために、素材つまり半製品での搬送が重要な課題となってくる。もちろんそれを加工する鍛冶工人も捕囚連行の形で引っ張ってくることとなる。

こうして王が自領に持ち込んで何にでも加工できるような、運搬しやすい鉄、つまり半製品が生まれてきた。初期鉄器文化の時代のものは的確な出土品が少なく、形状を特定することができないが、それを示唆するような一例としてトルコでの出土品が報告されている。

それはDr. R. M. Boehmer《ベイマー》の著書『ボアズキョイ（ハットウサ）出土の小遺物』に書かれている。古ヒッ

ボアズキョイ出土の鉄半製品（古ヒッタイト中間期、ビュークカレ遺跡出土、ベイマー著『ボアズキョイ出土の小遺物』より転載）

タイト中間期と言うから、ほぼ紀元前一六〇〇年頃のものと見たらよいであろう。ヒッタイト帝国の首都とされているボアズキョイのビュークカレ遺跡から出土したもので、ベイマーはインゴットと表現しているが、日本語の場合なら鉄塊というよりも、小さいので鉄片と呼んだ方がよいのではなかろうか。実物を見ていないので詳細は不明であるが、上の写真がそれである。一緒に精巧な鶴嘴なども数点発見されている。

時代が下がって若干量産されるようになっての有名な半製品は、周知のイラク北部のドルシャッキン村コルサバードにある、新アッシリアのサルゴン二世王（紀元前七二一～七〇五在位）の宮殿跡から発見された鉄塊である。これは形状からして遠隔輸送を経てここに備蓄されていたもので、同王の遠征範囲から推測するとアルメニア・ミタンニ辺りが、原産地として有力候補と言えよう。しかし、ダマスカスなどから紀元前八〇〇年頃に征服して強制貢納させたものや、掠奪同様に隊商によって集められ蓄蔵されたものを、奪取してきて温存備蓄していたものもあろう。鰹節形の端部に小孔を明けてあるのは、搬送時に紐を通したためである。一六〇トンもの大量（後に詳述）が出土しているわりに実物を見る機会に接しないが、これは輸送時にチグリス河下流の、ユーフラテス河との合流点近いクルナで、欧州に送り出すために用意された三〇〇〇箱の遺物が、筏の沈没事故で失われてしまったためである。しかしパリのルーブル博物館には助かったもの若干が保存されている。

パキスタンのタキシラ郊外にあるシルカップ遺跡
（ギリシャ人が整備した町で、出土遺物は同市の博物館に収蔵）

これと同形式で小孔のないものが、パキスタンのタキシラ郊外にある紀元前一世紀〜二世紀の遺跡であるシルカップ遺跡でも出土している。またここでは直径あるいは一辺が三〇センチ近い正方形、または直径が三〇センチくらいの円形の薄板が多数発掘されている。これらも加工して使われた素材という性格からして半製品である。

韓国と日本で出土している鉄鋌は周知のことなので、ここでは重複を避けて詳しいことは割愛する。いずれにしてもこれらは貴重な鉄器を製作するための素材である。

韓国や日本の古墳発掘でしばしば半製品の鉄鋌をみるが、中国について李京華先生が『金属博物館紀要』第二〇号で、河南省洛陽澠池《メンチ》遺跡より出土の鉄板鋳造用鋳型や棒鋼鋳造用鋳型を紹介している。このようにして造られた板状や棒状の銑鉄を、そのまま最終用途に当てることはごく稀であり、むしろ半製品として把握した方がよいであろう。これらをハンマーで砕いて鋳物原料とすることも考えられなくはないが、論文掲載写真の鋳型では寸法がやや小形なので、むしろ鍛冶炉で加熱脱炭したうえ所要の硬度の板や平棒に鍛造し、鍛造半製品あるいは直接成形加工品としたものであろう。なお、こうして製作された半製品なら鋳造段階で形状が一定に揃えられているので、若干の誤差は生じたにしてもほぼ規格化されていったものと考えられる。もしこの製法だと通貨の代用として取引の決済に使用するには便利である。

宋時代の人・范致明選の『岳陽風土記』によれば、湖北省南部岳陽の江岸砂中でも使途不明の鉄板が発見されている。鉄枷《てっか》と名付けられており、中央に縊れがあって幅一尺ほどのもので、燕尾相向かった形の長方形状に鋳造してあったという。形だけは大形鉄鋌の形状であるが、何に用いられたものかは判らないとされている。発見された量が数枚というから、記述が正しいとすれば一〇枚程度であろう。重量が一〇〇〇斤ほどであったというから、唐~清時代の単位で計算すると、六〇〇キロ近いかなりまとまったものである。一枚当たりは六〇キロ程度のものになろう。この表現では砂場（鋳銑場）に流出させて固めた、中央の縊れた長方形冷銑厚板が想像できる。仮りに長さが七〇センチ・幅平均三〇センチ・厚さ五センチとすると、約六五キロになる。二〇枚としても約三〇キロはあった。

後世の『明一統志』でも鉄板を鍛造できなく鋳造としているが、すでに『唐書』の食貨志で鉄葉として一~二斤の鍛伸したものを記しており、別称を鍇とも鍱とも書いている。ルツボ熔解の銑鉄ならこれを上手に砂場で薄く流せば、何とか造ることができたかもしれないが、あまり薄いと冷却時に罅《ひび》割れしてしまう恐れがある。錯は文字からは鋳鍛の別が判じがたいが、鍱は『段注』に、「謂金銅鉄推薄成葉者」とあって、『集韻』では鋌としており、延べ金や荒金の意であって、銑鉄塊を脱炭処理して鍛伸した半製品もあったことが推察できる。

〈騎馬民族の鉄利用〉

現在の日本では、蹄鉄を造っているところなどは容易には見られない。それが幸いにも中国の新疆ウイグル自治区の庫車市《クチャ》（亀茲）で見ることができた。天井の低い四、五坪ほどの土造りの粗末な家の前で、道路に面して縦型の鍛冶炉と古めかしい回転吹子、それに鍛造のための台がしつらえてあり、解体自動車の板バネや異形丸棒の切れ端を材料に製造していた。

その作業は熟練によって形が大体揃うのであろうが、U字形にしておよその寸法に造り、後は驢馬《ろば》の足に合うものを装蹄工が、適当に選んで取り付けるのであろう。形状の規格とか表面の平滑さなどは、ほとんど配慮されていなかった。釘孔も適当に六カ所ポンチで明けているといった感じのものであった。鍛冶設備に民俗性の違いがあるにしても、日本でも明治期前後などの頃はこんな状態であったのではないかと思われる。

また初期の鐙《あぶみ》についてはその出土している状況をみると、必ずといってよいほど一個だけであるが、これは乗馬の際の足掛け用だからであって、両足を踏ん張って乗る今日の鐙とは、使用目的が若干違っていた。西晋などの墓地から出土した明器泥象の馬像も、鞍の片側にだけこの鐙が取り付けられている。これは鉄製とは限らない。木や革のものもある。

一方、騎馬民族が使う馬上から射る弓であるが、これは日本の大弓とは違っていてずっと小さい半弓である。これだと馬の上から右も左も、時には後ろも射ることができる。したがって多量の矢を胡禄に入れて携行するから、鉄鏃の消費量は少なからぬものがあったであろう。

一時期の烏孫《うそん》の盛強、匈奴の執拗な侵攻は、完膚なきまでの食料・財宝などの掠奪行為もさることながら、その遠征のために必要とする膨大な刀剣・鉄鏃・馬具などの鉄製品の原料としての、その地の鉱産資源を取得確保しておくことに、大きな目的があったものとも考えてよいであろう。

粘土で造った縦型の鍛冶炉

（素朴な回転吹子で驢馬の蹄鉄を鍛造するウイグル人の鍛冶屋（庫車市））

天津麻羅は北インドから

大和朝廷を取り巻いた氏族の首領たちが、自分たちグループの発生経緯や縁続きの関係を神に求めたとき、古代のことでもあるので多くの場合、信奉している職業神的なものが導入されてくる。しかしその当時先進的な技能であったものには、未消化な外来用語が投影されているのもやむを得ないであろう。『記』『紀』記載の天の安河で製鉄を行なった天津麻羅にしても、その編纂が奈良時代という記述内容より後代のものである以上、そこには当然長安経由で入ったサンスクリット語の語彙が混じっていても、荒唐無稽のこじつけというには当たらないであろう。そのため『古事記』『日本書紀』などに記載されている製鉄関係の設備や工人を表す用語には、不思議なことにサンスクリット語・梵《ぼん》語（判りやすく言えばプラークリット語の書き言葉）の語彙らしいものが多い。ところが鉄製品の名称になるとその影響は消えている。これは中国でも日本でも鉄製品が広く使用されていて、それぞれすでに固有の名称が付けられていたからであろう。一体このサンスクリット語の単語がどのようにして日本へと渡ってきて、『記』『紀』などに記載されたのであろうか。

デリーの古代鉄柱に刻されているサンスクリット語
(『金属博物館紀要』第31号、Dr. R. Balasubramaniam 論文より)

玄奘が将来した仏籍を収納
してある西安の大雁塔

鳩摩羅什が旅路を共にした
白馬を葬った敦煌の供養塔

周知のようにサンスクリット語の伝播は、インドからもたらされた仏教の経典に負うところが大きい。地獄のことを奈落narakaといい、仏事で建てる塔婆が塔stupaの幾分変化したものであることはよく知られている。インド・西域方面から攝《かしょう》摩騰《まとう》（迦葉摩騰《カシャバマタンガ》）・竺法蘭《じくほうらん》・仏図澄《ぶっとちょう》をはじめ鳩摩羅炎《くまらえん》その子羅什《らじゅう》など、多くの高僧が招聘されており、中国側からも法顕《ほっけん》や恵生《えしょう》、少し遅れて著名な玄奘《げんじょう》（六〇二～六六四）などの求法僧が、仏教の経典取得や疑義の解明を目指してパミールの峻険を越え、帰国に際して多くの仏典・仏具をもたらしている。その将来した仏典訳業の過程で外来語として、現代日本のカタカナ用語のようになって伝えられたのが、このサンスクリット語の一部だったのであろう。このような難解な仏典が日本にもたらされたのは、遣隋使・遣唐使の時代である。

話を鉄鋼関係の用語に戻すと、まず原点の鉄という言葉であるが、これは中国も日本もサンスクリットとは関係なさそうである。むしろ別の系統で古代トルコ語の語彙に近い。思うに、翻訳しがたい用語や珍しい用語が借用語とされたからである。

サンスクリット語で鉄はkṛṣṇâyas, kārṣṇâyasa, kālâyasa, kāla-lohaで、終わりのカラ・ローハなどのローハ（パンジャブ語・ベンガル語・ウルドゥ語などもローハー）はヒンディー語などとの混交であろう。ayasも鉄であるが、kālâyasaの場合のkālaは黒色の意味を持つので、偶然か日本と同じ黒鉄という意味の言葉がこの地にもあったようである。これらには鉄と鋼の意味が含まれているようであるが、別に鋼鉄を表す言葉としてtikṣṇa-loha（鋭利とか熱いといった意味も持つ鉄）がある。

ところが、この鉄を造っている人を示す言葉となると、『古事記』や『日本書紀』の領域では著しい共通点が出てくる。日本語の天津麻羅（後に真浦としても出てくる）のマラが、このサンスクリット語の類似発音malaでは不浄とか汚物を指し、鉄との関係では中国でいう悪金の思想からか下等金属とも訳されている。本当は実用金属とした方が適訳なのだが。中国訳の場合mallaは垢業などとなっていて、職業的力士・力持ち・強健な人になっている。吹子押しは体力の限界に及ぶ苛酷な労働なので、その点では結び付く。接頭語が付くが、類似発音のkarmāraは工匠・鍛冶工・鉄家・工人で、そのものズバリの意味である。マラはムラにも通じるが、これに近い言葉としてのmaurvaはムルという名の鉄で造ったという意味があり、maulaは妙に真浦に繋がるような発音であるが、先代から職を伝えているとか、昔から住み付いている、あるいは世襲しているなどの意味を持っている言葉である。しかも幾らか偉い人を指している。こう見てくると、これらは鉄を造るタタラ場の作業長の名称ムラゲの表現に近い感じがしてくる。鍛冶屋はloh-kāra（異称、後述）である。

ちなみに吹子はどう呼ばれていたかと言うと、karmāra-gargariであって、gargariは攪乳器であるから、転用すれば鉄工・鍛冶屋が使う回転する道具で鞴ということになる。同じ吹子でもcarma-puṭaには皮製の意味がある。日本語どころか中国語の風箱とも全く異なっている。また砂鉄掘りの場所である鉄穴《かんな》と似ている言葉がkhāniで穴や鉱道を指しており、khānyaが掘り出すという動詞であるのは、これも鉄穴の発音に近く一脈の関連がありそうである。

キルギス族の刀剣用鉄の原料迦沙《カサ》に近い発音ではkaṣa，kaṣaṇaがあったが、これは何々を搔く何々を搔き取るの意味であり、中国語に訳されたときには濁りや沈殿となっている。雨生鉄や川砂鉄なら採集するために沈殿したものを搔き取るし振り分けるので、動詞が名詞に変化したものと言えなくもない。

なお職業名でも鍛冶屋に近いkhāñjya（形容詞はkhañj）が、跛行とか跛足であって一本足を指すのも、一本だたらの伝承などに結びついてくるのではないかと思われる。

一方製錬に不可欠の鑪炉《たたら》であるが、炉とか竈の意味を持つ言葉はkuṇḍaであり、おそらくこれは六十〜七十年前までは日本の農家などで使用していた、竈突《くど》に付けられたものと想像できる。近年では見られないが小型のシャフト型製錬炉の形状に近い。火を効果的に燃す炉から転用されてきたもので、『竹取物語』などに出てくるところをみると、相当古くから使われていた言葉である。

求法僧たちが難行苦行の果て目にした製鉄工房は、そこでの製品は中国にもあるので大体知っていたが、製鉄炉の操業状況や設備は見たことがなく、垣間見たプラントは赤い鬼の集団のようで、恐怖心を搔きたてる幻想の世界であった。当時としたら知識人の彼らも適訳を知らなかったのかもしれない。

パキスタンのペシャワールにあるガンダーラ博物館で、六十〜七十年前日本の学校で定時に鳴らしていたような鉄製の鐘（木柄の部分を手に持ち振る）を、館の学芸員がガンディ（ガンダイ）と言っていたが、それが本来はghaṇṭāであることも判明した。kadanaは殺戮とか破壊を意味しているが、これが刀に転じたものとして通じるかどうか、ここまできてしまうと語呂合わせの感がなくもない。

この地域は東京国立博物館パキスタン調査隊の、サールデリー遺跡の調査結果から見ても、鉄滓の塊り（想像では建屋などの関係から鍛冶滓と思う）が発見されており、また釘鎹を主に鉤や鐶など建築金物類が一〇〇点以上も出土しているので、当時の寺院建築でも扉や壁体構造の枠組み祀壇など、木材の活用と相まってかなり鉄の使用実績があり、求法の僧たちもそうした実態を見ていたと想像できる。

冒頭に記したように二〇〇年代から四〇〇年代にかけて、中国は仏教導入に力を入れていた。そのため今日仏教史に名を残すような名僧知識たちの国を越えての交流があった。敦煌でも修業した仏図澄などは罽賓《げいひん》の出身（インドとも亀茲ともいう）であり、続いて法顕らが入竺し、宋雲・恵生なども勅命により、求法僧としてフンザ、ガンダーラを経由してインドへと至っている。その他にも有名無名多数の僧

北インドの鉄器文化を今に伝えるタキシラ博物館（福永昌氏撮影）

今は使用されていないシルクロード旧道（パキスタン・フンザ南部地方）

たちがインドへと赴いている。いずれも仏教経典を会得するには、サンスクリット語を習得することが必須の要件だったのである。ブトカラ仏教遺跡も現在は無残な廃墟と化しているが、そこに浮かんでくる幻影は瑠璃を貼りめぐらしたガンダーラ寺院の回廊を渡って、一人の求法僧が経本を入れた笈を負い、数人の同行者と慌しく出立するところ。見送る膚の褐色のインド系僧と交わす惜別の言葉は、数年の滞在で習い覚えたプラークリット語《サンスクリット文字》。しかし帰国を前にした中国僧の心は、これから始まる長安での訳経を思い、すでにヒンズークシ山脈東端やカラコルムの難関を越えて、東へ東へと歩きはじめているようである。

七世紀前半に玄奘がインドへと入った頃には、同地での仏教は王室・豪商の手厚い保護により、独善的なものと化していて民衆からは離反し、他教の侵入ということもあるが、はや衰亡への道を歩みはじめていた。したがって六〇〇年代頃には、積極的に導入を図っていた中国からの求法僧の渡印だけでなく、意欲的なインドの僧の中から、パミールの峻険やタクラマカンの広漠たる砂漠を越えて、布教の新天地を求めた人たちが続々と出たのは当然の理である。玄奘三蔵は貞観十五年（六四一）に出発し、十六年を経て帰国。その間

玄奘三蔵も来たブトカラ遺跡

にナーランダ寺院などで就学中に集めた、サンスクリット語の仏典を多数（七五部一三三五巻）将来してきた。それらを西安市慈恩寺の大雁塔に納め、王宮の庇護の下に訳経の作業が行なわれた。こうした経緯で日本から派遣された、遣唐使・留学僧によって我が国にサンスクリット語の知識が導入されたのである。

なお、本項の梵語は萩原雲来先生編の『梵和大事典』を参照させていただいた。

〈loha は鉄製を強調〉

鉄を表すのにインドでは広く loha を使うことはすでに述べたが、隣接民族などの場合ではこのローハという言葉は鉄製品であることを強調もしている。日本で鉄釘とか、鉄釜・鉄斧と書くように、鉄製のという形容詞には loha の後に maya とか ja を付けており、品名の場合は鉄鎖 loha-pāśa、鉄杖同-daṇḍa、鉄鑊《かなえ》（鉄製の大鍋）同-kumbhi、鉄鑢《やすり》同-rajas（これは錆も意味する）のようにである。

また loha を鈍っているのか、lauha とする場合もあり、鉄を含めて金属（青銅）を指してはいるが前述のものと若干異なって、鍛冶屋を lauha-kara とか、lauhitya-kāra という場合もある。

〈伝世古典に見るサンスクリット文字〉

このような遥々日本へ運びこまれたサンスクリット語の文献で現存しているものは、現地での創始は四世紀頃だが、ほとんどが八世紀頃のものである。例をあげると、梵夾あるいは梵本と呼ばれ、貝多羅（椰子の一種 Pattra）の葉や茎片に書いた経文で、大阪・四天王寺、滋賀・聖衆来迎寺、和歌山・宝寿院などに伝世している。

鉄に関係した遺物ではデリーの鉄塔の銘文がよく知られている。

第四章　鉄の独占を狙ったリヴァントの民族

垂涎の的、中東の鉄産地

近年北シリアのアレッポ（古名ハレブ）南々西六〇キロにあるテル・マストゥマ遺跡の第八次調査で、住居の跡から鋸《のこぎり》や錐《きり》など鉄製品の破片が発見されている。かつてはこの辺りは数々の小国であり、鉄が築いた巨大国家ヒッタイトの草刈場で、そのやや南部のカデシュで行なわれた同国と北上するエジプトとの、紀元前一二九九年頃の、もしくは紀元前一二八六年頃とする説もある、その宿命的対決はあまりにも有名である。そのヒッタイトが海上からの蛮族によって脆くも崩壊し、エジプトも防禦の側に回ると二大勢力による均衡は破れ、アッシリアを筆頭とした周辺の国々の戦乱割拠の修羅場となった。

なぜそうなったのか、その答えは農産物や貴重品の略奪、貿易海港の占拠、加えて鉄材の確保にある。それぞれの国が肥沃なる三日月地帯にかかるこの地は、シリア、北イラク、レバノン、ちょっと北西へ外れてトルコであり、中東を制するものは世界を制すの旗印の下に、これらの利権をねらって終わりなき動乱の中に、我も我もと当時の列強が突入していったのである。

その場合、例えば紀元前八五三年のアッシリアと十二王国の連合軍が戦ったカルカルの戦い、およびその後の各国に対する個別撃破の戦闘では、かなりまとまった武器が必要であったと思われる。しかしその調達については、古代の製鉄・鍛冶に関する調査がほとんどされておらず実態は不明であるが、初期は北部からの略奪・購入や、海港を経由して買い付けたものなど、移送鉄塊を素材としてこれを鍛冶屋が加工したものであろう。フェニキアでは船用鉄器の生産技術がすでに軌道に乗っていたはずであるから、武器用の鉄も当然造られていた。

ここではセム系の人々が築いたシリアからヨルダンにかけてと、そこに侵入してきたペリシテ人（フィリステア人）などの、鉄の生産や使用をめぐる文化について述べてみたい。

まずシリアであるが、まだこの辺りは製鉄遺跡にまで発掘の手が及んでおらず、ダマスカスやパルミラなどで稀に見られる出土鉄器程度のものである。定評のあったダマスカス鍛冶も現地を歩いたが、昔のことは全く知らず、時の流れで自動車修理工場に転業し、観光土産品程度の刀剣が造られているに留まっていた。ヨーロッパに喧伝された栄光の技術は忘失してしまったのであろうか。

鉄鉱石資源は厳密には当時はフェニキアの勢力下であろうが、レバノン山脈中にアルマットなどの小鉱山が見られ、北部ではウガリットの近くにジベルアッカーがある。規模は小さいが幾つかはダマスカス市の近郊にもある。シリア人が自国で生産していたと言ったが、一〇九頁にバビロニア商人がレバノンの鉄を購入したことが出てきており、またキプロス島でも銅とともに鉄を生産しているので、実際はどうなのであろうか。

一方、内陸部を歩いた感触では、たとえ鉄鉱石があったとしても(鉄源はある程度以上の含鉄品位なら褐鉄鉱・菱鉄鉱でも製錬に十分である)、燃料用の大量な木材消費には環境からの制約があり、オアシス周辺の樹木程度では原始規模でも継続操業は無理だったのではなかろうか。大英博物館のP. T. Craddock博士は『金属博物館紀要』一九九八年第二九号で、「シリアでインド鉄を珍重したのは燃料不足が原因であり、インドは熱帯のため樹林が豊かだから鉄が安く製錬できた」としている。実際に歩いてみるとダマスカス付近は、都市化に伴って後に植樹されているが、マリからパルミラへの荒涼たる砂漠の道筋では、これでは伐採するほど木がないではないか、と言いたいような風景の連続である。内陸砂漠では動物の糞を乾燥させた燃料で、鍛冶加工をするのがせいぜいだったようである。

紀元前八世紀に一国の備蓄量は一〇〇トンくらい

ヒッタイト・エジプトの二大強豪が、海の民と呼ばれた蛮族によって亡ぼされたり、勢力を殺《そ》がれたりすると、漁夫の利を得たのはどう見てもアッシリア帝国である。北西セム語族（ノアの息子セムからの語族名）のカナン人を祖とするセム系のフェニキアは海で、半遊牧民のアラム系は陸での重商主義的な活動が顕著になり、戦力よりもむしろ経済力を蓄積していた。もっとも武力中心の古代国家群の中で、それがどの程度の恒久性を持ったものかは、その後の歴史が明らかにしており、経済成長の爛熟したときには突出した指導者が現れない限り、略奪の被害に続いて亡国の破局が待っていたようである。フェニキアは後年には大国の傭われ水軍になってしまっている。

そのような過渡期における徴発貢納品の中で、鉄はかなり重要な役割を占めていたものと推測される。この点は断片的に『アッシリア王の年代記』に記されているが、有斐閣新書・西洋史(1)『古代オリエント』収載の佐藤進先生の〝世界帝国の構造〟によれば「アッシュールナシパル二世（紀元前八八三〜八五九在位）が北シリアのハッティ王とハッティナ王から受取った鉄は一〇・五トンであり」、アダドニ

ローマ時代から使われている、直径 30 メートルもあるオロンテス河の大水車

ラリ三世（紀元前八一〇〜七八三在位）が「ダマスクス（アラムの首都、紀元前七三二年滅亡）に課した貢納のそれは一五〇〇トンとなっている」とか。その間には百年近い隔りがあるが、それにしてもこの驚くべき増大が誇張でないとしたならば、それは単に覇権の強大化だけの問題ではなく、鉄産の飛躍的な増大があったものと想像される。こうなって供給量が増えてくると、原始製鉄とはいえ、その価値は下り鉄が宝物ではなくなって、高価でも取引の対象商品となりはじめる。

紀元前六世紀半ばのウルク出土の粘土板文書に、これは明らかに商業活動による買い付けであるが「二人のバビロニア商人が西方から輸入した品物の中で、イオニア産の銅四五二キロ、アルメニア産の錫一九キロ、イオニア産の鉄六五キロ、レバノン産の鉄一三〇キロ」の記載がある（現代と違い、購入はまだキロ程度の単位）。

通説ではダマスカス鋼はインド産のものをダマスカスへ搬送してきて、そこで刀剣に加工されたものと言われているが、紀元前八〜七世紀は鉄が中央アジアや西南アジア各地に浸透した時期であり、多分前記の北シリアのハッティ王とは、滅亡させられたヒッタイトの後裔であって、二百〜三百年ほど前までは独占した鉄での武装で、アナトリアに君臨していた王族の系統である。歴史上はシロとかネオを付けて呼ばれ、新ヒッタイトとして区別された国であって、何らかの縁故で東へ移りすでに小国家へと没落の道を歩んでいた。人種的にも現在オリエント史でいわれている、盛況時にはプロトヒッタイト（多分フルリなどを含めて）と呼ばれたような、そんな小部族へと転落して混血していたものであろう。バビロニアの文書ではヒッタイトをハッティと表現している。しかし、カルケミシュ辺りの出土物から見ると石彫工芸などに優れたものを持っており、かなりの経済水準を維持していたようで、没落国家といったイメージは薄いかに見受けられる。

とにかく原料鉄の生産技術を維持していたはずの国である。後にはウラルトウなどの勢力下に堕した保護小国であろう。それに対してダマスカスの場合は、主として隊商交易の浮利により購入されたものであるから、これだけ大量の調達ができたとすれば、備蓄していた資材を根こそぎ振り向けたものである。それにしても、サルゴン二世王のコルサバード宮殿の倉庫から発見された一六〇トンに及ぶ（次章で詳述するが実際にはもっと少ない）貯蔵量と同等という貢納割当は、表現が誇張でないとしたら古代の乏しい鉄産量から考えると、あまりにも尨大な量に過ぎる。おそらく勝者の立場で根こそぎ強奪したのでなければまとまらない数量である。豊臣秀吉の刀狩り（一五八八年）どころの規模ではなかったであろう。

古代鉄製品の出土した例を見ると、シリアの北部海岸沿いにあるラタキア市の近郊、現在のラス・

ウガリット出土の神殿奉献青銅鉄刃斧

シャムラ遺丘には、かってカナン人（フェニキア人・ヘブライ人）の創始したウガリットがある。この小国にはミタンニの母胎を構成したフルリ人が西進して入っており、ヒッタイトやエジプトなど大国の狭間《はざま》に位置し、その文化も当然これらの影響を強く受けていた。とくに早くから南下政策を採ろうとしていたヒッタイトにとっては、侵攻の重要な目標になっていた。したがってこの辺りは鉄についてハッティ（後に新ヒッタイトと代わる）・フルリ（国としてはミタンニ）などの技術文化の影響が濃厚であったものと思われる。

その遺丘の北西部で宮殿跡の小祭祀遺構から発見された闘斧は、刃の部分が鍛造された鉄板で造られ、袋穂の部分は青銅鋳物になっていた。鉄刃の部分は隕鉄製と発表されたが、ニッケル含有量のやや低い点から人工鉄との異論も出ている。推定年代はカナアン中期（シリア中期）文化であるから、紀元前一四〇〇〜一三〇〇年頃に該当するものであろう。斧の高さは約二〇センチ、袋穂の部分のデザインは猪の頭部の形状をしており、細い溝に金のワイヤを埋め込み研磨して仕上げたものである。形状と出土状況からみて当時の偶像崇拝で神殿に奉納され、おそらく供儀用に使われていたものであろうと推測されている。ここから出土した斧はほとんど青銅製であり、このように一部でも鉄を使ったものは稀少例である。

パルミラの鍛冶屋鉄滓

すでに紀元前にこの地でかなりの鉄器が使われていたことは、ダマスカス博物館の展示品に庖丁・鶴嘴・鎌などがあったことでも証明されよう。

広大なパルミラ遺跡は、ユーフラテス河沿いのマリ遺跡から西へ二五〇キロ、渺茫《びょうぼう》としたシリア砂漠のど真ん中に忽然と現れてくる。走れども走れども乾燥し切って明茶褐色をした砂原。その果てにわずかでも棗椰子の緑を見たときは正直ホッとした気持ちになる。現市街タド・モールからは車で一〇分くらい。遺跡は東西約四キロ、南北三キロという巨大なもので、正に東西交易の要衝であり、オアシス国家の佇《たたずま》いは十分である。石柱の残骸が続く列柱街道を歩いていると、ふと駱駝の背に中国の絹織物やインド

パルミラ遺跡の石柱街道

の鉄と宝石や香料、そのほかアラビアやアフリカの貴重な特産品を積んだ隊商の列が、陽炎の中から朦朧として進んでくるような、そんな浮世離れした幻想に陥ってしまう。

この都市は紀元前二〜一世紀にローマとパルティアの緩衝地帯として、また中国やローマからの隊商の通過地として発達し、女王ゼノビアの夫のオダイナトス（オデイナトウスとも）王がペルシャを撃退した功により、ローマ保護領とはいえ大幅な自由を享受して栄えた。今日に残るこの大遺跡はすでに一〜二世紀に造られたものであるが、三世紀夫の死後（暗殺ともいわれる）になって女王ゼノビアが、思い上がってローマに反抗して失敗し、二七三年徹底的に破壊されたと言われている。

かつては棗椰子《なつめ》が茂っていたこの辺りの道を、貴族も奴隷も賑やかに通行していたのであろう。しかし今では人影もない石柱と瓦礫の荒涼とした古跡であり、美妃ゼノビアが驕り独立を目指して立ち上がった正に夢の跡である。

なおこの近くには遺跡を一望に見渡せる死者の谷と呼ばれるネクロポリスに、塔のような形で地下に石室を持つ分譲マンション式の、エラベールの塔など商人貴族の高級な墓地が多数ある。この地が最も栄えた二〜三世紀のものである。そこに据えつけられた彫刻が、当時の衣装や家族関係などを髣髴とさせてくれる。一見して気付くのは上流階級だからであろうが、中国伝来の絹織物らしい極上の布地による衣服、しかもデザインはヘレニズム時代の洗練されたファッションである。彫刻は石室はとにかく人間像など装飾的なものは、石灰岩で精緻に刻まれており、その滑らかな肌から察して、パルミラ博物館

パルミラ表面採集スラグの分析値

全　鉄　量	47.50	酸化マンガン	0.01
金　属　鉄	1.40	酸化カルシウム	13.90
酸化第1鉄	39.34	燐	0.284
（酸化第2鉄）	22.19	硫　　黄	0.273
珪　　酸	9.47	銅	0.007
酸化アルミニウム	1.06	バナジウム	0.001
酸化マグネシウム	2.11	酸化カリウム	0.207
酸化チタン	0.04	酸化ナトリウム	0.394

採集スラグ

の展示にはなかったが、どう見ても鉄製工具は鑢など各種の鋭利・複雑なものが使用されていたはずである。

このパルミラ遺跡のバール・シャミン神殿に向かう途中の廃墟の中で、著者は一個の鉄滓を採集することができた。持ち帰って化学分析をした結果は上掲の表の通りであった。鉄滓はまとまって存在したものではなく、切り石の散乱する住居跡であり、見回しても炉跡のような遺構もない場所で、運よく一個だけ採集できたものである。表面が飴状に近いのに鉄分が多い点や、顕微鏡での鉱物組成などを総合して、荒鍛えの際に発生した鍛冶滓（精錬鍛冶滓）ではないかと推定している。

ここほぼ同時代の出色の鉄製品にオロンテス河上流地帯の、エメッサ（ホムズ）から出土した鉄製の兜がある。ローマ支配を代行していた将軍の用いた顔面覆い付きのシンプルな優品で、アンタキアの工房で製作された一世紀頃のものと推定されている。

アレッポ城の馬蹄形装飾（ローマ時代、十二世紀）を施した巨大な鉄門については、年代も十二世紀頃で大分遅れたものであり、他に記しているので本書では割愛する。

〈幻の鉄産国ミタンニ〉

ミタンニ王国とは南下してきたフルリ人を母胎にして建国された国である。組織の上層部になったのはインド・イラン系の種族であったとされている。その版図は最盛期では西シリアのアララク（テル・アッチャラ）から、先端はキリキアへと入りアダナ辺りであろう。東はアッシリアのヌジ（キルクーク西南）辺りまでで、ヴァン湖を含めてやや帯状の地域を占めていた。その首都はカブル河流域のワシュガンニと言われているが、所在地は今もって不明である。『旧約新約聖書大事典』ではトルコ・ハランの東九〇キロ辺りとも推定されている。著者は雑駁だが多分カルケミシュから大分東側寄り、東トルコのマーデン市辺りから西南方へデルエルゾールの街を越え、ハーブル河の支流を横切って、シリアのアレッポへと向かう線上の辺りにあったのではないかと考えている。

ちょっと北へ寄るが小人《こびと》の国のような、尖り帽子形の屋根が続くハラン辺りも、前二十～同六世紀頃の廃墟であり、高い文化施設の廃墟が残っていて関係がありそうな気がする。

このミタンニはヒッタイトのシュッピルリウマシュ一世王（紀元前一三七五～一三三五在位）が遠征（内紛介入）して、軍事大国に成長していた同国が保護国へと衰退していくまでは、中東ではアッシリアを従属国としており、エジプトに次ぐ大国であった。もっとも産鉄国と言われていながらそのアッシリアに、鉄製武器のまだまだ乏しかった前一二七〇年には、不思議なことに滅ぼされてしまっている。

なおこの国の当時先駆的な鉄産地と目されてきた、キズワトナ地方とはどこなのであろうか。前述の首都と推測される地の周辺では鉄鉱石の産出は、零細ならとにかくまとまったものがほとんどない。北に大産地を持つマラテア県の南部（赤鉄鉱）とハタイ県内（赤鉄鉱）、北側ではエラジグ県西部、デイヤルバクル県北部（磁鉄鉱）程度である。ハタイの中心は現在のアンタキアであるが、その名はヒッタイトの東南進基地を示すものであり、後に東ローマ帝国の重要都市となっていたことからも、あまり大きくはないが、それでも鉄産と結び付けて大過ないものと思われる。

鉄資源を求めて西へと進んだ製鉄技能集団が、このトルコ東南からシリア北辺に定住して操業し、ヒッタイトや後には東ローマなどの管理下で、ラスシャムラやその他の地域に鉄を供給していたのではなかろうか。その間にフェニキア人に接触し、製鉄技術を教えたことも十分に考えられる。

若干遅れて東ローマ時代の初期（一世紀）のものであるが、シリアのホムスから出土した豪華なエメッサの兜が、このアンタキア（聖書の街・アンテオキア）の地で造られたと推定されていることでも、また聖ペテロの布教洞窟の入口に十三世紀すでに再建と言うが、伝統を踏襲して造ったらしい、もっとずっと新しい鉄の扉があったことでも、この地と鍛冶加工の密接な結び付きが推測される。これらの原料供給地がこの辺りにあったであろうということは、ハタイ県にあるイスケンデルンパヤス、クルクハン・カスタルキョイの磁鉄鉱や褐鉄鉱の産出からみても、一概に否定することはできないであろう。

〈銑鉄か鉄塊か、タルシシ船の積み荷〉

『旧約聖書』のエキゼル書第二七章一二・一八・一九項に出てくる、鉄を運んだタルシシの船の出港地については、スペインのタルテッソスなど幾つかの説があるが、トルコのこの辺りをそれと比定する説もある。北方に位置する中央アナトリアから諸物資が運ばれ、船積みできる地理的に好条件の場所であり、ヒッタイトの鉄集積拠点をアダナに仮定して、この辺りを謎とされているキズワトナだとするのも、西隣りは現在タルススの町であり、こうした点から推理するとまたおもしろくなってくる。

岩壁に彫られた大神殿

現地ではジョルダンというヨルダンは、国土の八〇パーセントが砂漠であり、南北に貫流するヨルダン河に平行して、紅海のアカバ湾からテベリア湖にまでヨルダンバレーと呼ばれる不毛の渓谷が続いていて、海面下三〇〇〜四〇〇メートルという世界最低の低地溝帯が独特の環境を造っている。住民は紀元前六世紀頃から住みついたアラブ系民族を母胎として、それに地中海の島嶼に住んだ複雑な人種（海の民などの一部）が、長い間に来住し混血したものと言われている（現在、国民の半分はパレスチナ人）。その後、紀元前三〜二世紀頃になって、遊牧アラブ系のナバテア人が住みはじめ、同国の西半分を擁してアラム・ギリシャ文明が折衷した国を建国した（のちに同国は六三年にはローマに臣従したが、一〇二年には征服された）。さらにそれよりも後になるが、現首都アンマン市のウンム・オダイナ遺跡から一振りの鉄剣が出土している。長さ五六センチ、アッパース朝期のものとしたら立派なものであるが、四センチ弱と幅広で肉厚に乏しく、実戦用としてよりも首長か将軍が振りかざして英姿を示したものであろう。

この付近はキリスト教やイスラム教の発祥地域近傍であるため、宗教に関係した遺跡が多いが、とく

ピンク色に輝くエル・ハズィネ

に出色なものはナパテア王国の首都遺跡。アラビア語でワーディ・ムーサと呼ばれ、ペトラの名で親しまれているところである。ここは南アラビアとシリアを結ぶキャラバンの交通基地であり、巨大な岸壁の迫る狭間に設けられた通路、高さ九〇メートル、長さ一キロ近い絶壁を意味するシクと呼ばれる場所を通り抜けると、突然正面にエル・ハズィネと名付けられたファラオの宝庫の全貌が現れてくる。

砂岩の岩山を刳り貫いた工事であるが、その岩石の質はこの辺りは五〜七色の層状になっていて、褐・黄・赤・黒など自然の彩色とも言える風景であり、子供がこれを砕いて造った色砂を空壜に詰め、砂絵細工を造って観光土産として売っている。この岩を紀元前後のことであるから、乏しい鉄製の鶴嘴や鑿・金鎚程度の工具だけで人海戦術で彫ったものであろう。もちろん木製の門扉や内装の部分などなかったはずはないので、おそらく撤去転用されてしまったものであろう。金具類なども何一つ残ってなく、痕跡すらもなかった。宝庫とは後に名付けたもので、王の墓所ともいわれており、付近にはエド・デイフをはじめ建築遺構群がかなり多く、円形劇場の跡も廃墟と化して残っていた。ここは隊商の通路に当たるために通過手数料収入も多く、パルミラが繁栄する以前には殷賑《いんしん》を極めていたが、同地に押され、またローマの進出もあって次第に衰亡した。

もう一つヨルダンの遺跡には首都アンマンの北四八キロのところに、紀元前四世紀頃にギリシャ人が開きはじめ、前二世紀頃に最盛期に達したジェラシュ（ジャラサ）遺跡がある。

既発掘の部分でおもしろいのは南門付近の柱列が、イオニア式のものとコリント式のものとが混じっている点であり、またなぜか手で押すと揺れるが倒れない高い石柱が一本あった。四〇〇〇人を収容できる円形劇場の座席が、階級差を意識した指定席制になっているのも注目された。ここの正面に錨をデザインした壁石があり、これがフェニキアとの戦闘で勝利したときの記念碑。この劇場の周囲を締切って水を張ると恰好のプールになり、海戦に備えて水練の演習をしていたとも語り伝えられている。

総て石造りのものばかりであり、鉄を使用した痕跡はなかなか見当たらない。この場所で後世になって補修のときにでも使用したものであろうか、ローマ・ナバタイ時代というから四世紀頃になっての、簡単な外径カリバスやノギス、それに錠や鍵といったものが、近くの工人の住居跡から発見されている。長期のローマの圧政下でも武器はとにかく農工具ぐらいはあったはずであるが、アンマンの国立博物館でも鉄器の展示は見られず、現地を歩いていて時折り見掛けたのは、鉄や鉄滓ではなくて、土中から顔を出した玉虫色に輝くローマンガラスの小破片ばかりであった。

モーゼの墓ともいわれるネボ山山頂のセント・ゲオロジー教会は、建物は近年再建されたものであるが、その床は昔のままを補修したもので少し新しくなっている。これは六世紀に製作されたものであって、そこにモザイクでエリコの絵地図が表現されていた。町並みをはじめ死海に浮かぶ船、さらにナイル河や発展したカイロの町まで現されている。一衣帯水の地であり、すでに海上交易が頻繁に行なわれ、アフリカやスペインにまで商圏を広げていたことがよく判る。

〈カナアン時代以後の鉄文化〉

鉄器文化でこの辺りで代表的な遺跡とされるのは、北イスラエルのヘルモン山山麓にあるエル・ダンの遺跡である。現在紛争で問題多発の火種になっているゴラン高原の中にある。同地は『旧約聖書』の士師記第三章などやヨシュア記第一一〜一三章などにも出てくる。現在はシリアとヨルダンの境界近くであるが、かつてはヤラベアム二世王の前線基地であったといわれている。したがって鉄器時代もすでに中期の末になっており、古代の水準ながら武器や農工具など鉄製品の普及時代に入っていた。前八世紀頃の城塞遺跡である。この地はその後にアッシリアの遠征を受けて衰亡し、バビロニアの征服によって完膚なきまでに破壊されたが、祭祀遺跡としての小集落は細々と存続したようである。

その間、当地は前一二〇〇年頃で青銅器時代が終わり、鉄器時代になりイスラエル時代と名が変わっていった。

リヴァントからの技能者連行

　古代国家の遠征は、軍事的支配の確立と経済搾取を実行することにある。対象地によってその目的は若干異なろうが、意とするところは貴重物資や食糧の略奪とともに、人的資源の確保ということであった。捕虜の連行は被征服地の苛斂誅求に対する反乱を防ぐためもあろうが、単にそれだけの単純な理由からではない。そのような不穏分子は今の日本人では考えられないが、ニムルドの壁画などからの推測では何千人も処刑してしまっている。また奴隷といっても闇雲に連行するのではなく、最低限とはいえ受容地の食糧などを勘案すると、必要に迫られた技能者だけを連行したものと考えられる。今日でも高度技術の転移には人間が伴っているが、往時の初歩的な技術でも権力のあるところ、好むと好まざるとにかかわらず技能者は拘束され使役を余儀なくされていた。

　中東の大遺跡を見るとその様式に、ギリシャからアラビア、インド、中東諸国の文化が複雑に混じり合っているのはその現れである。そしてその中に鉄関連の技能者がいても、何の不思議もない。資源の関係もあって製錬技能者は大部分は現地で働かせ、人でなく生産地域を取り込んで素材にして運ぶこと

鉄製品の名を記した粘土板を多数出土したマリ遺跡

が多かったであろうが、鍛冶の場合は征服者の固有の習慣や好みもあるため、武器にしても農工具や建築金物にしても人間を連行して労働させたものと考えられる。

イラク北部コルサバードで出土した鉄塊などは、加工の手間が大変であったと思われるが、わざわざ小さな孔を明けてあるのは運搬に配慮したためであろう。輸送を必要としない地域（パキスタンなど）で出土の鉄塊にはこの加工がされていない。

技術者の連行で最も有名なのはバビロンの都を建設するために行なった、バビロン捕囚、つまりユダとエルサレムの人々を、紀元前五九七年と同五一五年の二回にわたり建設要員として連行したことである。このバビロニア王国のネブカドネザル二世王の採った措置は、『旧約聖書』の列王紀（第五章一三〜一五節）の記載とも合致する。エレミヤ書（第二四章一節）ではこの部分が工匠と鍛冶を連行とある。こうしたことは、記録がないだけであってしばしば行なわれ、戦勝国にとっては王の野望で壮麗な都城を築くために、人権などは初めから問題にはしておらず、アッシリアもペルシャも皆やっていたことである。

したがってこうした国々が、鍛冶屋をおだてながら下層民として長年扱ってきたのは、この辺りにそのルーツがあるからかもしれない。

ここで粘土板文書による古代鉄文化の記述について述べる。それにはシリア東部のマリ遺跡を無視するわけにはいかない。その場所はユーフラテス河中流、イラクとの国境に近い広大な敷地である。そこに紀元前二十世紀頃から建国されはじめ、逐次建て増しされた二六〇室を擁する大遺跡がある。前十八世紀は一七七〇年頃、バビロン第一王朝のハンムラビ王と戦って敗れ滅亡へと落ち込んでいった国であるが、この宮殿の一角から出土した二万枚に及ぶ行政記録である粘土板文書に、鉄製品がここではパルジルムの呼称でかなり現れてくる。カールハインッア・デラー教授の話では、それらは装飾品・首輪・腕輪・指輪・足輪・留め金・安全ピンに使われており、儀礼用武器として棍棒頭・短剣などがすでにあげられている。王の下に北と西から運ばれたものとのことであるから、主としてユーフラテスの水流を運搬に利用したミタンニ、アルメニア、フェニキア方面からの産品と推測される。しかし推定された年代に遡って、これだけ多岐なものが鉄で造られていたかどうかは一抹の疑問も感じる。

ペリシテ人とイスラエル

この地帯の文化編年で紀元前三二〇〇年頃から同一二〇〇年頃までをカナアン時代と呼んでいるが、これがいわゆる青銅器時代である。この時期この地は二千年もの間、大国の面子をかけての収奪対象地、つまり冷戦と熱戦が交互に繰り返された場であった。エジプトは南からガザを手始めにメギッドやゲバルまでも抑え、前出のカデシュに迫っていた。一方ヒッタイトは北からイッソスの平原を横切り、アンタキアすなわち現在のハタイの街を経由し、オロンテス河に沿ってカデシュ近くまで進んでいた。こうした状況であったから、カデシュでの両軍激突（紀元前一二九九頃）の日は目前であった。続く紀元前一二〇〇年以降には、西側の地中海方面から、続々と海洋島嶼民族のペリシテ人が侵入し、その過程でエジプトとも戦ったが、後にはエジプトの傭兵ともなり、カナンの各地で都市国家を造って定住を始めていた。これと時を同じくしてイスラエルの民族も東の荒野からこの地へと移住してきた。この頃がこの地方の初期鉄器文化の時代である。

この頃は鉄器とくに鉄製武器の普及は民族によって大幅な差があり、カナン人（シリア・パレスチナの住民であるイスラエル人）などはソロモンの眩い繁栄・莫大な財宝などの伝説と矛盾するが、当時の金属文化の中心である青銅の本格的な生産技術はあまり持っていなかったようで、銅も鉄も自給できる量は乏しかったものと考えられる。『旧約聖書』のサムエル記（上第一三章一九〜二二節）で、ペリシテ人（海の民系・フィリスティア人）からヘブル人（イスラエル人）が武器を自給するようになることを恐れられ、製鉄作業をはじめ武器・農工具に至るまで一切の鍛冶や鋳造を、あたかも敗戦国地域の民のように厳禁されている。もっともこの技術をペリシテ人が独占的に知った経緯は、一説に冶鉄技術のあったカッパドキアから、キリキアを越えてこの地へ移住して来たためと説く学者もいる。この点はガザの南方二七キロ、ジェラシュの西側テル・エルファラで紀元前十二世紀のフィリスティア人（ペリシテ人）のものと目される基地から、青銅柄の鉄製短剣が出土しており、その北部ゲラルのテル・エ・ジェンメでも製鉄に関連した炉遺構が発掘され、独占の実情を仄かだが物語っている。

その実態は『旧約』サムエル記（上第一四章二二節）が、イスラエル軍の指揮をとったイスラエル初代王サウルとその長子ヨナタン（両者ともペリシテ人との戦いで戦死）だけが鉄の剣や槍を持つにすぎなかったという点や、ペリシテ人の町出身の巨人ゴリアトの鉄剣について必要以上に詳しく述べられており、その乏しかった様相をよく現していると言えよう。

それではこうした状況下でイスラエルやユダの人々は、鉄製品の入手をどのようにして行なっていたのであろうか。前出『旧約』サムエル記（上第一三章二一節）からは、ペリシテ人に足許を見られながら高い金を出して買っていたようであるが、その一方、想像の域を出ないが、おそらく大国が欲しがっていた武器、とくに戦車や馬を扱ったような隊商貿易の通過に伴う通行料稼ぎ的な収益、それに加えて乏しい農作物の中でも幾らか交換物資として率の良い葡萄酒やオリーブ油などを出荷した利潤で、海運国フェニキアや隊商交易のダマスカスから、多分に売手市場であったと思われるが、香柏・染料・絹、それに鉄製品なども買っていたのではなかろうか。タルシシ（タルシュシュ）やダマスコが鉄を含む金属類を売買していたとする『旧約』エキゼル書（第二七章一二、一八、一九節）の記載は、この点を裏書しているものであろう。

フェニキアの著しい台頭はヒッタイトの壊滅、エジプトの凋落、そして次にくるアッシリアの衰退が、武力より経済力に重きを置いた同国にとって、運良く一時期追い風となったのであろう。強欲な船乗りと表現される反面、当時同国はこの地域では抜きんでた技術先進国であり、広く見れば製鉄もペリシテ人だけの独占物ではなかったものと思われる。とくに構造船建造のための船用金具の鉄製部品を製造する技術はなかったとはいえまい。ダイレクトに入ってきた一部のペリシテ人や西へ先行したフルリ系の住民などが、ヒッタイトの秘匿していた鉄やその技術をいち早く鹵獲《ろかく》して、転売したり生産を開始していたことも考えてよいであろう。

その後にダビデの築いた大帝国は、ソロモンの死を境にして南北分裂などが生じ、紀元前五八七年のソロモン神殿破壊をもってこの地域の鉄器時代は終わり、何とも収拾のつかない暗黒時代を迎える。忌わしいバビロンの捕囚、すなわち技術の強制的な流出時代へと移るのである。アッシリアさらにバビロニアの周辺民族征服は、あらゆる物資の略奪や血腥い人間の処刑、情容赦ない拉致を強行し、また現地では混血による新人種の発生を見るようになり、これらが相まって王権の更なる拡大をもたらしていくのである。南部沿岸地帯に定着したフィリスティア人と呼ばれる人種はエジプトと誼みを通じて、外人傭兵となっていたペリシテ人が主力で構成され、後には研究者から傀儡的な性格をもった集団国家であったとも言われているが……。

〈この巨大遺跡を残すには〉

フェニキアの国土は立地的に海に面しており、背後にレバノン山脈やヨルダン・バレーを控えた、南北に細長く続く狭隘な地域である。こうした国土の特徴から必然的に海港都市が生まれ、地中海貿易の基地として発達していった。その地に産する特産品（杉材・貝染料など）をリヴァント各地に供給することに始まり、やがて航海術に熟練すると自国産品のみでなく周辺国家の産物を扱う中継ぎ交易も行ない、さらに各地に建設した多数の植民地での通過物資に対する関税を徴収したりし、そうした結果は地中海各国の港々からもたらされる市場情報が精緻となった。こうしてフェニキアと新興のギリシャの間で、エーゲ海や地中海の貿易覇権をめぐる熾烈な争いが展開された。しかし鉄についての状況はあまりはっきりとしていない。

フェニキアの製鉄技術はストラボンの記すところであるが、この国での冶鉄操業の利点は、往時の鉄の生産量に比べてあまりにも大量に消費されて常にネックとなっていた、薪炭材の供給に非常に恵まれていたということであった。レバノン山脈の杉材は日本産の柔らかい杉と異なり、質が緻密で松のように樹脂分に富んでおり、造船材や宮殿建築用材として使うのに最適であり、また前記用材からの派生材であろうが、製鉄用の燃料としても用いられ火力や火持ちの点で絶好のものであった。

〈エジオン・ゲベルは鉄か銅か〉

ネルソン・グリックは『砂漠の川』において、パレスチナ南端（紅海の港アカバから北方四キロ付近）のエジオン・ゲベルにおける金属の製錬遺跡を詳しく述べている。それによると「鉱石はワディ・アラバで採集しており、そこで焙焼というか予備処理をされた後に、エジオン・ゲベルの製錬所に送られて、エドムの丘の樹木を原料とした木炭を用い、坩堝炉の中で製錬されたもの」としている。この場合、燃焼には吹子を使わず自然通風に依存しており、古代なりに合理的な設備になっていたことを推理している。またこのアラバの銅鉱石と鉄鉱石の産出地および製錬地をめぐり、地理的に紅海へ出る咽喉部でもあるので、海港取得の思惑も加わって、それらの地域の支配権を確保するため、エドムとユダの間でしばしば闘争があったことを想像している。生産された金属は判然としていないが、『旧約新約聖書大辞典』には「これは銅と鉄を溶解して精練するための建造物であった」としている。

その後も同地が銅製錬か鉄製錬かの、技術的判断は曖昧なままになって推移した。近年の米国考古学者の調査では、ここは銅資源の採集および製錬の遺跡とされている。しかし接触交代鉱床の銅鉱床の場合なら、磁鉄鉱が随伴しているケースが多いので、副産物として銅分のやや多い還元鉄が得られたかもしれない。ここの鉱石や鉱滓がどのようなものか、遺物によって追及したいところである。

〈強権による鉄の奉献〉

『旧約聖書』歴代志上・二九章七節のところに、イスラエルの部族連合に対し神殿工事のため、ダビデ王の命令で金銀青銅とともに、鉄一〇万タラントを捧げさせたとある。明らかに奉献という名の強制収奪である。紀元前一〇〇〇年という鉄冶が拡散しはじめた年代にしても、軽タラントで換算して三〇〇〇トンを越えており、これはあまりにも過大な量である。これだけ大量の鉄を集積できるような生産水準に果してなっていたのであろうか。

大量の鉄の確保ではもう一例あげると、紀元前八〇〇年前後にアラム王国（大体シリア領）を滅ぼしたアダドニラリ三世（紀元前八一〇〜七八二）が、首都のダマスカスから掠奪した金銀をはじめ膨大な財宝の中に、鉄が三〇〇〇タラント（軽で約一一〇トン）あったということがあげられている。

補注　なおイスラム圏では『コーラン』の五七に鉄が特記されて、物性や霊力を述べているほどであり、時代も六〇〇年代になるが、すでに各地で少量の自給がされていた。国を越えて産地と消費地の間には需給の関係もできはじめていた。そのため技術史の中でも、ダマスカス鋼や錬鋼の製造については独自の研究がされてきている。

第五章　鉄なき国の膨大な備蓄

肥沃な三日月地帯をめぐって

はじめにイラク全体の概況を述べたのち、前半をバクダッドより南の地、後半をそれより北の地に、判りやすく二分して記述した。いずれにしても、生活の苦しい経済制裁下の国であり、国際的な関係もあって表現がむずかしいが、とにかく食料・医薬品、日常の必需品など、皆大変な不自由をしていた。撓に実っている棗椰子《なつめやし》だけが、この地の貧しい人々に対する、唯一アラーの神の救いではないかと感じられた。

しかし国民は馴れてしまったのか、あるいは国民性なのか、窮乏の中にあっても案外楽天的な生活をしているようである。

簡単に地理的な事項に触れると、まず国土は四四万平方キロメートル、日本の三七万平方キロメートルの一・二倍ほどである。人口は一九九八年現在で二二四三万人で、これは逆に日本の一八パーセント程度にすぎない。人種は八〇パーセント近い人々がアラブ人つまりセム系であり、クルド人やアルメニア人やその他の民族が二〇パーセント程度を占めている。隣国イランの北方遊牧騎馬民族（ペルシャ人、

イラクとその周辺の古代事情

紀元前	〈メソポタミア地域〉	〈周辺各国事情〉
2500	ウル第1王朝建国	
	ウル王墓・ウバイト墳墓より鉄器残片出土（隕鉄と推定）	
2060 (2112)	ウル第3王朝建国〜1950 (2004) 滅亡・この頃古アッシリア商館取引	
1960	イシン・ラルサ建国〜1735・1698滅亡	**ヒッタイト草創期**
1880	バビロン第1王朝建国〜1530滅亡	
1700頃	ハンムラビ法典発布	**フルリ人の移動**・ミタンニ国成立・アッシリア従属
1600頃		バビロンをハッティ王ムルシリス1世占領
1450頃	アッシリア半独立・ミタンニ王国隆盛	
1360		ミタンニ・フルリ分裂
1288＝1280		エジプト・ヒッタイト戦＝カデシュ条約締結
1270	アッシリア勢力拡大・ミタンニ王国滅亡	
1200頃		トロイ戦争推定
1190		ヒッタイト王国滅亡（海の民侵入）
1000頃	**アッシリア帝国台頭**	この前後新ヒッタイト時代
900		ウラルトウ王国台頭
841	アッシリア・ダマスカス占領	
839	アッシリア・タバル遠征	
829	アッシリア・ウラルトウ遠征	
800頃	アダドニラリ3世ダマスカスより**鉄150トン奪取**	
750頃		ウラルトウ最盛期
721	サルゴン2世、**鉄塊・鉄器コルサバードに備蓄**（BC 708〜7頃）	
700	アッシリア・オリエント統一（フェニキア・パレスチナ等版図に）	
625	新バビロニア王国建国＝カルデア王朝	
612	ニネベ陥落＝アッシリア帝国滅亡	
597〜586	バビロン捕囚の連行。この頃ウラルトウ滅亡	
580頃	ネブカドネザル2世バビロン修復	
550・546		リディア王国滅亡・メディア王国滅亡
538	新バビロニア王国滅亡	

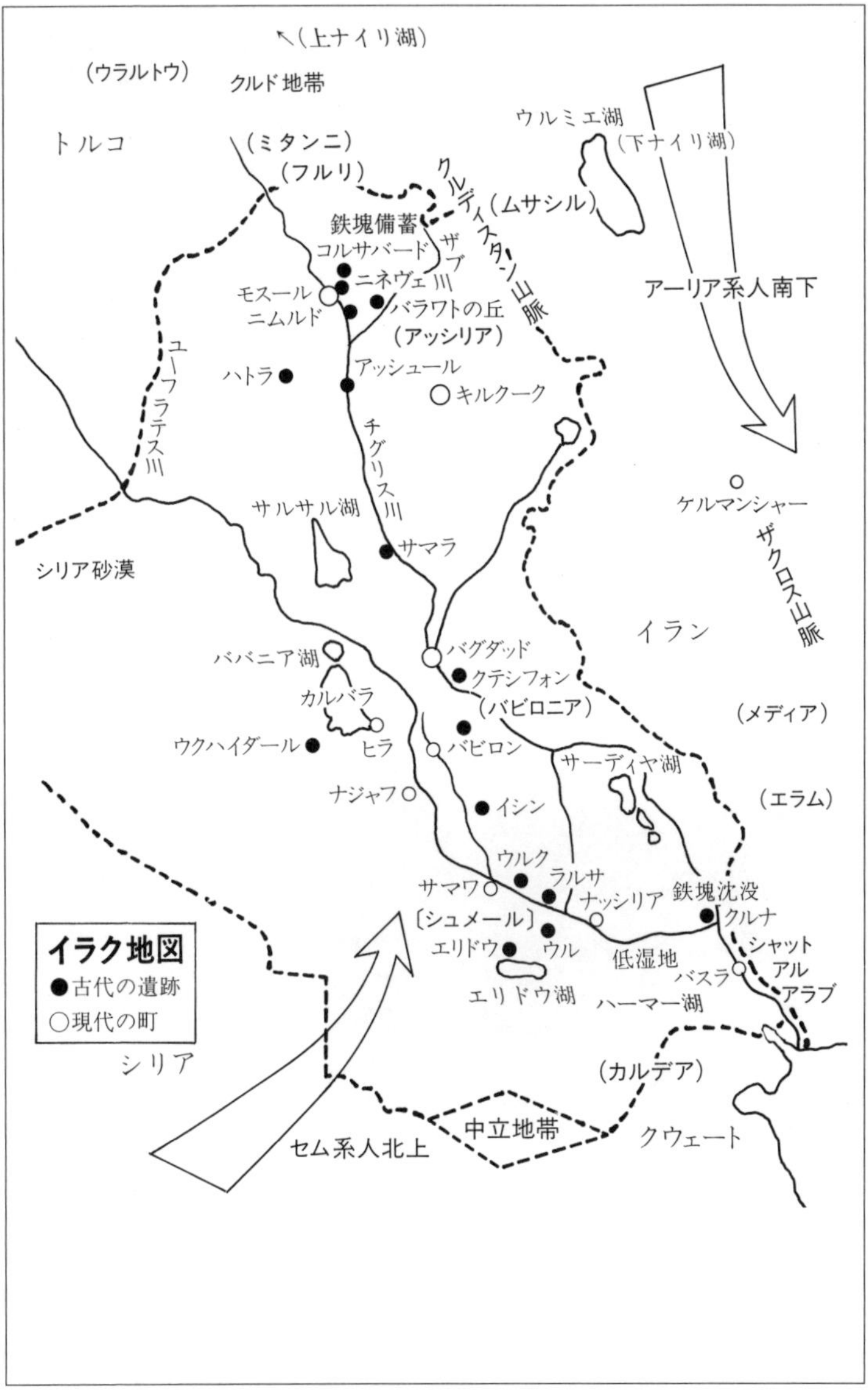
イラク地図
●古代の遺跡
○現代の町
(上ナイリ湖)
(ウラルトウ)
クルド地帯
トルコ
(ミタンニ)
(フルリ)
ウルミエ湖
(下ナイリ湖)
クルディスタン山脈
(ムサシル)
鉄塊備蓄
コルサバード
ザブ川
ニネヴェ
モスール
ニムルド
バラワトの丘
(アッシリア)
アーリア系人南下
ユーフラテス川
アッシュール
ハトラ
キルクーク
チグリス川
サルサル湖
ケルマンシャー
ザグロス山脈
サマラ
シリア砂漠
イラン
ババニア湖
バグダッド
クテシフォン
カルバラ
(バビロニア)
(メディア)
ヒラ
バビロン
ウクハイダール
サーディヤ湖
ナジャフ
イシン
(エラム)
ウルク
ラルサ
サマワ
ナッシリア
鉄塊沈没
クルナ
〔シュメール〕
エリドウ
ウル
低湿地
シャット
アル
アラブ
バスラ
エリドウ湖
ハーマー湖
シリア
(カルデア)
中立地帯
クウェート
セム系人北上

メディア人）系の人々とは、顔はよく似ているが、イラク人はおもにアラビア出身なので人種の構成が全く違う。言語もペルシャ語ではなくアラビア語が中心で、北部でクルド語などがわずかに通用している。

　宗教は大部分がイスラム教であって、南部はシーア派、北部はスンニ派が多い。その他の宗教は二〇万人足らずで、その中にはキリスト教徒もいるが、彼らはネストリウス派であり、一般的にはアッシリア教徒とも呼ばれている。

モスール市街（モスクの入り口、子供がヌンを売っていた）

シュメール超古代文明の地

シュメール文明という言葉はよく知られているが、この文明はとにかく悠遠としか言いようのない時代のものである。今後南イラクの発掘調査で何が発見されるか判らないが、このシュメール人によるのはウルに先行する文化とされるウバイド期と呼ばれる紀元前五〇〇〇年頃のものか、次の同三八〇〇年頃からのウルク期頃からのものか。また、そのシュメール人とはここで発生した人種ではなくて移住民らしいが、ではどこから来たものか何も判っておらず、曖昧な仮説に留まっている。現地ではウバイド人にセム人が合流混血して、シュメール人が形成されたものと言っていた。

とにかく長い年月を経てその間に立派な都市国家を多数造っているが、鉄をどの辺りから使ったかとなると、この時代には全くと言ってよいほど痕跡がないのである。欧米の学者たちの成果によって、細かく研究されて年代も比定され、徐々に文化の様相をはっきりさせているが、紀元前二〇〇〇年に近づいたウル第三王朝（紀元前二一一二〜二〇〇四）の頃（どう古くみてもこれを二〇〇〜三〇〇年遡る程度）のものとして、一つ二つの指輪か工具の小さな破片のようなものが採集された例があるにすぎない。

しかし、言語学の方からはすでにこのシュメール期に、鉄を表す文字があったとされている。飯島紀夫先生の著書『世界最古の文字・シュメール語入門』『シュメール語を読む』『シュメール人の言語・文化・生活』などの労作によると、当時鉄はアン・バー AN-BAR と呼ばれ、場合によっては頭に Ku を付ける例（鉄刀剣などの場合が多い）もあって、楔形文字で表現され＊＋と葦ペンや刃物または鑿で刻字されていたと言うことである。一見しては、鉄釘を並べたものか鶏の足跡のような形である。

これをよく見るとこの鉄の字に、四角な囲いを付ければ大空・天空の意味となる。したがって鉄は天から降ってきたもの、星屑ということを伝えているのではないかと思われる。つまりシュメール人が末期頃であろうが、鉄を知ったのは落ちてきた隕鉄を入手したことからと想像でき、そうだとすれば何といっても鉄の萌芽の頃であるから、まだ加工用ではなく宗教的な崇拝の対象になっていたか、あるいはやっと原始的な加工に入っていった段階とも考えられる。

それでもこの地方の歴史で言えば、年代はウル第三王朝終末期の、ここから派生したイシン・ラルサなどの時代、多分それも終わり頃に該当するものであろう。王が一つか二つの小さな鉄器を持っていただけで、文字ができているというのもちょっと不思議な気がするが。

〈メソポタミアの宗教に現れた鉄〉

アッカド王朝のサルゴン・ナラムシンの時代となって政権が移ると、近傍にあったシバール都の円板に象徴される太陽神シャマシ神の信仰が力を持つようになっている。紀元前二〇〇〇年頃のことであるが、バビロニア、アッシリアなどの諸王が信奉した神の、ごく中心的なものとなっていた。この神は平時にあっては、人間に祝福を与え豊穣をもたらし、一度戦争になると敵を粉砕する正義の軍神ともなり、上下いずれの階層からも厚い信仰の対象として崇敬されていた。

したがって、この神を讃える詩の書かれた粘土板文書が、その神殿には多数捧げられていて、記載されている文章はアッシリア・バビロニア文学の白眉とされている。

その中に「おおシャマシ、汝天に入る時、天の壮麗なる鉄扉、汝を迎え、天の美しき関門、汝を恵み、汝を愛する使者メシャラ、汝に従はん……」とあって、この年代推定と翻訳が正しいとすれば、認識がなければ書かれるはずのない新金属としての鉄という言葉が、すでに詩文に使われている。粘土板文書の年代がいつか、前述したシュメールの文字との関連などが注目される（小栗裏三先生著『アッシリア学概説』昭和十二年刊参照）。

ウルとウルクの大遺跡

私は海外での遺跡見学の常で、どこの遺跡でも鉄や青銅を使っていた痕跡はないかと、上の美しい風景より下の発掘調査で見捨てられた遺物に注意して回っている性格で、淘《よな》げ屋（鉄屑価格が上昇すると熊手と籠を持って、川の中で鉄屑を拾い集める貧しい商売）のような海外旅行者らしくない行動をとっている。

このウルク遺跡でもモザイク神殿の場所で、粘土製で頭部に着色した円錐形の鋲、太さ四センチ、長さ三〇センチ足らずを十数本積んであるのを見たが、これは鋲釘本来の接合の役をするものではなく、壁面に打ち込んで頭部の色で模様を表現する、単調な煉瓦の壁面を装飾するのが目的のものであった。どう捜しても金属関係のものは全くなく、何時頃のものか青銅の鋳造時に排出したらしい、ごく少量の鉱滓をようやく見付けただけにすぎなかった。

ウル遺跡の方はその経歴がもっと古く、ジッグラトのほか神殿や王宮、そのほか住居跡など広大な遺跡を残し、『旧約聖書』に言う大洪水の跡まであって、発掘補修の手が細かく入っていた。地下の奥深い王墓からは殉死者の遺体が多数発見され、金銀の副葬品が幾つも出土している。遺構の外周は焼いた煉瓦であるが、内側の部分は日干し煉瓦であり、泥と棗椰子それに接着剤として瀝青ばかりが目立つ。構造材料に銅か鉄か、とにかく釘・鎹の類を使った様子は全く窺うことができなかった。

ギリシャの歴史家である、前五世紀頃の小アジア・ハリカルナッソス出身のヘロドトス（生没不詳・一説に紀元前四三〇頃没とも）の著書『歴史』（松平千秋先生訳、岩波文庫）によれば、バビロンの建物でも積み上げた煉瓦を三〇列おきに、葦で造った筵をパッキング状にして入れ、強度をもたせていたと書かれている。その現場をジグラットの中腹で見たが、これはすでに灼熱の太陽下で生ずる煉瓦の熱膨張を知っていて採用したものではなかろうかと推測される。

ウル王墓遺跡付近の住居跡

ウルのジッグラト上から見た王宮遺跡
周囲は瀝青と煉瓦の破片

錠鍵や内装器物などに、鉄は使われていなかったのであろうか。斧・鏨・鑿などは磨耗や破損すると次々と転用されてしまった可能性もある。前述の王墓からニッケルを含有した鉄の

バスラ市北部郊外の低湿地帯（路傍に積み上げられた塩）

器物破片が出土したと聞いているが、歩いて見た感じでは全く金属の臭いはしない（その稀少な例としては、紀元前二五〇〇～二〇〇〇年の頃、つまりウル第三王朝〈紀元前二一一二～二〇〇四年〉前後の頃に一、二の例があるにすぎず、鉄が発見されたと言うだけで、それも隕鉄らしいのであるが、データも十分でなく異論もあって、はっきりとはしていない）。

なぜこの辺りにこうも金属を使用した形跡がないのであろうか。それはこの地帯に鉱石の資源が乏しいためと考えられる。さらに歩いていて気がついたことは、その地盤が脆弱な堆積土で低湿地帯なことである。田畑のちょっと下った場所はどこも水が滲み出ていて、その表面には塩が白く析出している。地元の人はそれを掻き集めて、集荷業者に売っているほどである。したがって水が豊富なところなのに飲料水には不自由している。何とも矛盾した場所である。こんなところでは仮りに鉱石を持ってきて製錬しても、水蒸気が上がってしまい、とうてい還元熔解などの作業はできるはずがない。

鍛冶屋にしても、神殿や王宮のある小高い場所で炉底を十分に固め、王や神官の支給する半製品を加工するのがやっとのことであったろう。

掠奪品の銅鉄塊から派生した文化はあっても、自前で製錬・調達した地金による金属文化はなかったと言えよう。

イラクの備蓄鉄塊などにまつわる話として忘れられないのは、ウルの二〇〇キロ東にあるチグリス・ユーフラテスの二大河合流地点、クルナ市のことである。

ここは後述するコルサバードの出土品をフランスへ輸送中、水没事故が生じて大部分の品々を失った地点で、考古学研究者にとっては恨みの場所である。その後水中調査の話は何度か出ているが、現地に行きクルナの合流点アダムの樹の少し南辺りから見ると、通常の薄青い色調の流れをしたユーフラテスに対して、チグリス河は泥土色を呈していて、ここからかなりの激流になって合流し、シャット・アルアラブと名を変えている。この水面下の伏流は川面《かわも》では想像できないほどもっと激しく流れているので、百年の間には大分下流に押し流されているはずであり、しかも河底の土質が柔らかいため埋没も考えられ、回収はまず不可能に近いとの現地人の話であった。

クルナ橋　コルサバード出土遺物が流出した地点付近

〈今日でも使われている棗椰子や葦の家〉

鉄製の諸道具と密接な関係にある木材について言えば、棗椰子《なつめやし》が太古から生命の樹と尊ばれてきただけに、ここでは今も昔も変わることのない超貴重な資源である。南部ではこの樹が広く森林をなしているが、その実が高カロリーの食料となるだけでなく、葉・皮・幹のすべてが長い年月の工夫によって利用され続けている。北では南より若干樹種に選択肢がある。とにかくメソポタミアでは、とくに南部では葦や棗椰子は唯一の建材であり、造船材である。棗椰子の葉は下層階級の屋根の下地材である。現代でも葦はゲイサップという、若者宿転じて公民館的なものを造るのに利用されている。これは葦の茎を簾状にしたり束ねたりして組み立てており、釘や鎹などは一切使わずに縄紐一本で間に合わせている。バスラでは最高気温五八度を記録したこともある土地柄。生活の智恵による民族色豊かな「クーラー不用の簡易建築」と言えよう。しかしこの建築は土地が低湿地であるうえに、強烈な太陽の熱で葦が脆《もろ》けてしまいやすい。その結果は耐用年数が本体で五年、屋根は一年半と非常に短いわけである。したがって材料や労力が幾らでもあると言うものの、日本人からみたら不経済な話である。葦船もこんな程度のものがと思われるが、交易船として海洋にも出ることができ、戦闘用にも各地で使われてきた。

〈目の大きな神と人〉

南部メソポタミアの遺跡で発掘された多数の人物あるいは神の像には、目の異常に大きなものが少なくない。神殿への奉献用像に多いようであるが、バクダッドのちょっと西側ではエシュヌンナの杯を持った男子像、それより少し南側ではハファージェの礼拝者像、ラガシュ出土の禿鷹の碑と呼ばれる兵士群像もそうである。それによく知られているウル王墓から出土した、スタンダードと呼ばれている木板に象眼された行列の絵、どれを見ても男女にかかわらず、非常に目が大きい表現をしている。

「そのようなことは有り得ないことで、きっと造形の際にデフォルメされたんだろう」と著者は思っていた。しかし、今回ウルク遺跡などを歩いていて出会った人々は、永年の間遺伝し続けてきたものなのか、出土物ほどではないが、一様に目が大きかった。バクダッド南側のウカイアルやシリア北東部のブラックのテルにあった神殿は、よほど目を意識した宗教であったとみえて、その神像はアラバスターの稚拙な加工であるが、目の部分だけが異常にデホルメされていた。

トルコにはガラス製円板の目のお守りがあり町角で売られているが、これは砂嵐で目を痛める機会が多いところから発生したものであろう。

〈エリドゥ遺跡で見た銹び鉄〉

ノアの箱船伝説というのはバビロン東南のニップールにプールにもあるが、このシュメール人の古代都市にも伝わっている。このエリドゥ遺跡は紀元前五〇〇〇年以上も前からのもので、最も古く建設された都市といわれており、今回めぐった遺跡の中では一番クウェートに近い場所である。南側にエリドゥ湖がある関係で、古来ここの宗教はシュメールの神であるエンキ・エアを主神として、水の神が祭られていたという。

その湖面を吹き渡る風が塩気を含んでいるため、明らかに金属製品の遺存には適さない地域であることが、一目で判る荒涼とした遺丘であった。ここの中腹で見付けた鉄器は完全に銹化しており、あたかも悠遠の歴史を物語るような姿をしていたのであるが、残念ながら著者の糠喜びであり、破損した発掘用具の一部であって、放置されてわずか三十か四十年を経たにすぎない程度のものであった。

バビロン建設と鉄器

現在見ることのできる**バビロンの遺跡**は、有名な法典制定者のハムラビ王（紀元前一七二八～一六八六在位）などで有名な、年代には異説があるものの紀元前一八九四～一五九五年の間あったとされている第一王朝が造った古いものではない。アッシリアのセンナケリブ王（紀元前七〇四～六八一在位）によって完膚なきまでに破壊された後に、この地を世界の名都に仕立てたネブカドネザル二世王（紀元前六四〇～五六二在位）が、カルデア人を中心に有名なバビロン捕囚の膨大な労働力を活用して、新バビロニア時代になって造ったものである。

こうしたことを書いているヘロドトスという人物は、旅行家として実際にこの地へ来たものかどうか疑わしいのであるが、とにかくその著作にあたっては、この町を驚異の目で見つめて記述しており、直接か間接かは判らないが現地の人から細かく聞き取りをしたようである。だがその情報源は、多分にお国自慢を交えたものだったようであり、そのためこの首都の光景は、かなり誇張された筆致で表現されている。例えば『歴史』の記述ではこの町の城壁を、概算であるが高さ八九メートル、周囲八五キロな

バビロン　アレキサンダー大王死去の場所

バクダッドのバザール

どと誇張したものが記されている。

往時の三分の二の寸法で復元されたという、入口のイシュタル門（実物はドイツ・ベルガモン博物館に移設）を入ると、各地に遠征した軍団が帰国してくる凱旋道路があり、その傍らにはアレキサンダー大王が前三二三年に、志半ばにして病に斃《たお》れた王座の間があった。

補注　異説もあるが、大王はこの宮殿接見の間の中央部で病死したと言われている。バクトリア、ソクデアナ、さらに北インド、とくに北インドでの戦闘で、インダス河南岸にいた、象部隊を中心としたポーロス族との戦いに敗れたのを契機として、死亡までの数年間にわたる兵士の厭戦気分充満と帰国願望などから、バビロンへの撤退は悩み抜いた末の心ならずものことだったのであろう。そのため風土病のみならず、ストレスが昂じていたことも三十二歳での若死の原因になったものと思われる。ここに勢いのままに遠征の距離的限界を無視してしまった、勇将の大きな誤算があったのである。

その傍らにはちょっと離れ道を挟んで、誰でも知っている王妃アミテイスのご機嫌をとるために造ったと言われている、メディア産の植物が繁茂した空中庭園があった。ここは建屋の地下構造に似た、およそ六〇〜七〇坪の複雑な煉瓦組みの遺構が続いている。この遺構について、ドイツの考古学者ロベルト・コルベイ氏の推論に幾つかの異説が出ており、中でもバビロン博物館長のワハブ・アドルフ・ラザック氏の食料保管庫とする説が、現地では民族主義の台頭もあってかなり支持されていた。

この豪華な空中庭園の造成は、ネブカドネザル二世王が前六〇〇年頃に結婚し、その後イエルサレムやユダへの侵攻に明け暮れして、そこで獲得した財宝や捕囚工人たちの手を使って、建設工事を遂行したものと考えられる。ここまで王妃に気を使っているのはなぜなのかと想像を逞しくすると、著者は当時すでにメディアは勢力を蓄積していて、キャサクレス王（メディア王、紀元前六二五〜五八五在位）とナポポラッサル王（初代新バビロニア王、紀元前六二五〜六〇五在位）とが協力し、連合軍でニネヴェを陥落させて前六一二年にアッシリアを滅ぼし、その余勢を駆ってチグリス河沿いを西北へと進出して行き、さらにメディアは小アジアのリディアへと食指を伸ばし、前五九〇年にキャサクレス王が攻撃している。となるといつかは、返す刃《やいば》でバビロニアは攻撃され併呑されてしまうのではないか。そうした戦国動乱期の危惧感から予防措置として、すでに大国に成長していたメディアの王女と、先見の明で政略結婚をしたのであろう。ネブカドネザル二世王は強気の遠征をしつつも、常に背後の強敵を意識していたのではないであろうか。妻の実家に攻め込まれるなどやられてはたまったものではない。王妃とその一族のご機嫌を取るためと考えれば、ここまで手回しをよくする理由も読みとることができるであろう。

観光写真に出てくる奴隷を組みしくライオンの像は、よく補修され周囲も整備されていた。これはヒッタイト遠征の時の戦利品だと現地人に言われたが？　バベルの塔はもう少し離れた荒野の中に、九〇メートル角の基盤跡だけを見せて、低湿地に葦が生い茂った場所になっていた。さてこの大遺跡でも鉄の使用量は少なかったらしいが、それでも年代が前五世紀と大分下っているので、鉄に関する幾つかの挿話が伝えられている。空中庭園の建設に鉄材が使われたかどうかは、今のところ定かではなく、給水工事の漏水《ろうすい》防止用として使われた金属は鉛だけと言われている。

補注　この辺りは乾燥地であり、そのうえ庭園部分は二〇〜三〇メートルも高い場所なので、当然間断ない給水が必要だったはずである。ギリシャ人でペルシャ王の侍医をしていたクテシアス（紀元前四〇〇年頃の人）も、注水のために「水を汲み上げる仕掛けの部分が、被覆されていて見えないが、縦坑のようなものがあった」と記している。この年代ともなれば、すでに鉄は普及期になっていたから、水をユーフラテス河から引くにしても、深い掘り抜き井戸を使うにしても、国王の権力と富ならば機械仕掛けで革袋のバケツを連動させるか、あるいは技術が進んでいれば配管仕掛けか水車装置のようなものが用いられはじめていたのではなかろうか。

架橋用に使われていた鉄材

はっきりと鉄の使用が書き残されていたのは、ユーフラテス河を渡ってバビロンの旧市に入る箇所で、ニトクリス女王が工事をしたときのことである。ヘロドトスの『歴史』に書かれているのであるが、石材を主体に鉄と鉛を使って橋脚を立てたとされている。当時すでに記述されているように、この女王は実存しておらず架空の人物であって、ネブカドネザル二世王の事績ではないかと推定されている。

この鉄はおそらくトルコのアラジャホユク遺跡（紀元前二三〇〇年以降）やイランのペルセポリス（紀元前四〇〇年頃）のように、石材と石材を固着するために鎹として使われただけでなく、川底に木の杭を打ち込むために先端に履かせて、鑿の役割をさせた大きなV字形の鍛造厚鉄板だったと思われる。ベックは『鉄の歴史』の第一巻にメソポタミアのセム族の項で、鉄の鎹で結び止められたとして、Ligerの研究を引用し組状で突起のある鉄の出土物をあげている（寸法不詳）。しかしこれでは欄干などの装飾金具としては役に立つが、構造物としては強度が足らないのではなかろうか。

著者は川底への橋脚を打ち込んだ例としては、三十年ほど前に東フランス・メッツ市にある博物館で、ローマ軍が水道橋架設に使った、幅二五センチ×長さ四〇センチくらい、厚さ一センチ程度の鉄板をV字形に曲げて加工した実物を見ている。なおベックが紹介しているライン河で発掘されたものは、少し遅れた三世紀のものとされており、もう少し高度な加工で厚鉄板を円錐形に加工してあった。バビロンの場合は時代も古いので、簡単なもので済ませていたのではなかろうか。

そしてここに、鉄がこのように消耗的な使われ方をしていたのであるから、この頃になれば少なくとも武具・陣営具をはじめ、城塞建築のために土木工具類（煉瓦積み工事の仕上げには鏝が不可欠）、農耕と灌漑工事のためには鍬と鶴嘴、そして量の多寡はあれ僅少なものであろうが、内装家具などにも使われはじめていたことは当然推定してよいであろう。

イラク南部のように鉱物資源が極めて乏しく、そのうえ極端な低湿地帯の場合でも、武力と財力を持った王侯の遺跡には、少し下った時代になれば、鉄が当然出土してもよいのではと考えられる。しかし経過した年数を考えると、そこにはむずかしい問題が介在している。それは考古学が確立されはじめたばかりの百五十年ほど前の時代では、発掘作業によってほとんど原形を留めていないような鉄器を採集したとしても、当時の考古学そのものが、宝捜し的な発想からまだ一歩出ただけの段階であり、美術品的な価値が全く認められない赤銹の塊を、発掘の成果とは見ず、こんな物ではと捨てて顧みなかったのではなかろうか。

また鉄滓については、鍛冶滓はとにかく製錬滓は、城塞内などでは製鉄が行なわれていないため遺存しているはずもなく、もし例外的に実施されたとしても、ごくプリミテブな低温還元段階の作業であったなら、鉄滓といえるようなものの発生量が極めて少なく、そのうえ工房の立地条件と広大な土地からみて、発見の困難さが付きまとっているのではなかろうか。

〈バクダッドの市街瞥見〉

観光で行っても首都バクダッドの市街は、ほとんど制限なく見ることができる。バザールも賑やかであり、経済制裁の影響で商品は安物だが品数も割りと豊富である。市の中心ではアリババと四〇人の盗賊の噴水が水を吹き上げており、夜の公園には剝き出しだが赤や青の蛍光灯が付いていた。

制裁の方はかなりキツイらしく、医薬品が一番困っているようである。食物は輸入品は乏しいが、国産で鶏卵・鶏肉、ピーマン、玉葱、小麦粉のパンくらいはあった。それに棗椰子の実が豊富なのは、何といっても天与の助けである。メロンとチグリス河でとれるマゴーフと呼ばれる鯉や草魚の焙り焼きは珍味である。ただ決してムダなことはしていない。例をあげると、日本ではとうてい考えられないことであるが、デイジという町の食堂で昼食のとき、客の食べ残しのピーマンや玉葱を集めて、バケツの水を掛けて再度盛り付けて客に出していた。日本人の我々でも別扱いはしてくれなかった。

ホテルにはバクダッドの超高級ホテル以外、石鹼・チリ紙・歯ブラシはもちろん、シーツやスリッパなどもなく、これらはリュックに詰めて移動した。

また途中で何度か行き会った、演習に向かうイラク軍兵士たちが、空腹そうな顔をしてトラックに揺られていたのは哀れだった。唯一豊富なガソリンは一リットルが正価では、四円か四円五〇銭と超安値であった。

垂涎の『アッシリア史』は驚くほどの高値でアラビア語版のものが（A四変形判三二〇頁）何と六〇〇〇円もしていた。日本の価格では四〜五万円といったところである（平成九年十一月の状況）。

〈夜の部、昔と今と〉

脱線するが男性にとって密やかな興味のある、この地の売春についてほんのちょっとだけ述べると、あのヘロドトスが『歴史』で奇妙なことを書いている。

それは、バビロンではここの若い婦人は一生に一度、神への奉仕ということで神殿の回廊に集められ、大勢で座っていて、ここを通る見知らぬ男に買われて身を任せなければならない、そんな考えられないような仕来たりがあったと言うのである。本当か嘘か、これは富や権力を持っている人の夫人でも娘でも、例外の扱いは許されなかったようで、女中を連れて馬車で来た上流婦人もあったと言われている。また女には男を選ぶ権利はなかったともいう。男は気にいった女の膝に定められた価値の物を置いて女と別室に行くが、それはすべて神殿の収入になり、人数が多いので上がりは膨大な額に達していた。なお男がその女を幾ら気にいっても、もう一度と言うことはできない仕組みだったともいう。いずれにしても恵まれた上流階級の人々の、淫靡な特権的お遊びであろう。こうした伝承はどこまでが本当で、どこまでが架空の話なのであろうか。

神殿が体裁よく強制的な管理売春をやっていたわけである。生命のなくなる生け贄ほどの犠牲ではないにしても、宗教を標榜した金儲けの方法としてうまく考えたものである。このようなイシュタール神への奉仕のための神殿娼婦が、やがて享楽的な行事へと変化し、後にその中から職業的な売春婦が現れていった。『新約聖書』ヨハネ黙示録に、バビロンを指して「淫婦どもの館」と記されているのは、こうしたことを仄聞してのことと推測される。

現在ではどうかと言うと、近年イラクにはこの種の専業者はいないようであるが、空爆やロケット砲で働き手を失った、南部から移って来た若い未亡人たちが食うに困って、サマラから北にかけての街道筋で、ホテルがないので森陰でやっていると聞いた。エイズ検査は厳重なので、その方の心配は薄いとのこと。客は主に石油の仲買いにタンクローリーでやってくる、金回りのよい某国の人が多いそうだ。

〈二千六百年を経てもまだ怨念が〉

この新バビロニアのペルシャ軍による滅亡については、ネブカドネザル二世王によってユダヤからはるばる連行されてきた捕囚の人々が結束して、バビロンに復讐するためにキュロス大王の軍に内応し、攻撃路を開いたという陰謀説が伝わっている。今日でもイスラエルが昨今の空爆再開問題で、イラクの報復を恐れ慎重な対応をしているのは、このあたりに問題が燻っているからである。「我々の祖国、新バビロニアを滅ぼした憎むべき敵」「住み着く者が絶えて、そこには野獣が伏している荒野にする」といった相互の根深い宿怨。ちょっとやそっとのことで消せるものではなさそうである。

近代になっての政治的問題はひとまずおくとして、悠遠な古代史の上からみても、そこには捕囚連行による三千年近い前からの長きにわたる、解きがたい大きな痼《しこ》りが人々の心の底にあった。

アッシリアの遺跡群

首都のバクダッドから河沿いの国道を一二二キロ北上すると、まず目に入ってくるのは**サマラ**の尖塔である。近付いて見ると下側の建屋遺構は側壁だけであるが、一万人も収容できたという大モスクの廃墟であり、高さ五二メートルの塔はここに付属したものである。八〇〇年代のアッバース朝期のもので、バベルの塔とは年代からいっても大きさでも半分で、とうてい比較にはならない。型式もこれはジッグラトとは全然違う巻貝形をしている。

ここで一息ついて再び車を走らせ、フセイン大統領の故郷オチャを通過。普通の地図には、北部はイラク第二の都市モスールと石油の大産地キルクークくらいしか書いてないが、もうこの辺りも紀元前十世紀頃には、アッシリアの勢力圏内に入っていたところである。

遺跡としては、まず一番南寄りの**アッシュール**に到着。このチグリス河を見下ろす小高い丘の上が、アッシリア発祥の地といわれているところである。古代交通の要衝であり、経済基地としては打って付けの場所である。古都としては、紀元前二〇〇〇年から同八八四年まで使われていた。現在残っているのは泥山のようなジッグラトの廃墟と王宮跡などである。

ここは早くからトルコ・キュルテペ辺りの都市国家に対し商権（アッシリア植民都市）を持っていて、隊商が活躍した時代にはその指示を出していた場所である。その頃でもごく少量の隕鉄を扱っていたようであるが、初期の頃には時代が時代であるから、鉄の実用とは全くといってよいほど関係がない。この街の最後は前六一四〜六一二年で、メディアと新バビロニアの侵攻軍によって徹底的に破壊されてしまった。

ニムルードはアッシュールナシルパル王（紀元前八八四〜八五九在位）が造った首都で、サルゴン二世王のときに、ここから近い東北のコルサバードへと短期間だが移転している。すでに前十三世紀頃から集落の形をとり、徐々に栄えて前九世紀頃には最盛期を迎えた。往時の石版画の想像図で見ると、チグリス河に沿って美しい高楼が立ち並んでいるが、現在のこの地は荒廃していてかつての面影を偲ぶ由もない。

サマラの尖塔（鉄の手摺りは近年のもの）

ここには多数のレリーフがあったが、目にしたものは破損品ばかりで、優品は大英博物館などに入ってしまっている。また各地から運ばれた輸入品や戦利品と推定され

多数の鉄製武器を出土したシャルマナセル3世の砦跡

た、細かい細工を施した象牙製の調度品が井戸の跡から発見されている。一九八九年にはここで、アッシュールナシルパルの王妃イアバの墓が発掘され、金製品三〇キロが多数の副葬品とともに発見された。

この遺跡で著者がとくに注目したのは、シャルマナセル三世王（紀元前八五八～八二四在位）の城塞（砦）跡である。ニムルード遺跡の東南東隅にあるナブ神殿跡と呼ばれている崩れたジッグラトの廃墟から、さらに東南へ大体四〇〇メートル。その辺りは広々とした牧草地で、羊の群れがのどかに草をはんでおり、その真ん中にポツンとこの遺跡が埋め戻されて、小高い丘状になっている。砦と呼ばれたくらいであるから、鉄製の武具などがたくさん出土したところである。ここの出土品としては、前八四一年に行なったイスラエル遠征での勝利を讃えた、絵や文字を彫ったレリーフの「黒いオベリスク」が最も有名である。

そこから発見された鉄器のうちで主要なものをあげると、戦闘状況のレリーフに王族など将軍クラスの着用していた、被りものとして知られたトンガリ帽子形（目方が三キロ余り）をした鉄兜、挂甲（魚鱗形の小札）残片、槍や鏃、鉄の輪を挟んだ青銅やファイアンス製の棍棒頭、壺や瓶などを載せて置く台の脚の部分（先端の獣脚部分は青銅鋳造）などがあった。この台は混酒器用のものかもしれない。サルゴン二世王の時代より百年も前なのに、種類からみるとかなり鉄が使われている。

ニネヴェはクユンジュクの丘の名で知られているが、この丘の呼称は、正確には遺跡の北半分のところを指している。ここも小集落が形成されたのは古くて紀元前五〇〇〇年にも遡るが、もちろんアッシリアが関与してくるのは前二〇〇〇年以降からである。首都を築いたのはセンナケリブ王の時代で、その後ここで人々は千年くらい生活していたため、考古学的には文化が重複している。この遺跡の城壁周囲にある門は現在サカイヤ門・ディルガール門・アダト門などが復元されている。とくにディルガール門の上部に取り付けられた玄武岩のレリーフは造営当時のものであり、柩を運ぶ葬儀作業者の列はリアルであって、採用されていた技術の片鱗をよく物語っている。

この橋を造るのに鉄が用いられた。旧市の西側のこの河は人工の堀割りで、ヒッラ川と呼ばれた。（バビロン遺跡で購入した小冊子より）

誇張された壁画の目的は

なおアッシリアの歴史を語るとき、必ず悪逆残忍の代表のような形容詞が次々と飛び出してくるのは、一体なぜだろうかと前々から気になっていたので、遺跡を注意しながら見て回った。その結果、妙なことからその通説に一抹の疑問を感じた。それはアッシリアの統治者をして、特別に残虐暴戻と定義づける根拠となった、石板レリーフの取り付けられていた場所のことである。

見る人をして目を覆わしめるというような描写の代表には、前記ニムルードの中央宮殿にあった、捕虜を串刺しにしている城攻めの様子と、ニネヴェ南西宮殿で発見されたティル・トゥーバの戦場（ウライ河の戦い）を表し、乱戦の中でスーサの辺りにあったエラムの国王テウンマンを斬首する場面や、その兵たちの首を切断して得意気に振りかざしているアッシリア兵の図などがよく知られていて、古代の戦闘の凄惨な様相をよく示している。

その他の王宮遺跡にもこうした激烈な戦闘場面や、大王の剛勇ぶりを示す図柄のレリーフがたくさんある。著者はニネヴェで崩れた遺構を見て回っていたとき、ふとこれらのレリーフが、王座に続く接見のための控えの間や、それに隣接する部屋辺りの壁だけを飾っているものばかりなのに気が付いた。壁面は切り取って持ち出されひどい荒れようだが、王妃や王女の部屋やプライベートな団欒の間に、そんなものを飾ったら憩いの場にはならない。したがって他の部屋のところではその痕跡すら見掛けない。ニムルードの遺跡でも同様であった。とすればこれはかなり事実を誇張した表現であろう。

その目的としたのは、従属民族や周辺国家の王侯や貴族階級、それに代理者、つまり隷属や貢納や誓約などのためにこの大城郭の中に参集させられた者たちを、威嚇するためだったのである。その者たちは嫌でも王の出座までの時間を、この残忍な戦闘、虜囚、処刑、掠奪といった、弱者にとっては止めどのない戦慄を催してくるような絵の前で、じっと待っていなければならなかったわけである。この待ち時間の間に人々は、これから会う閻魔大王のような物凄い人物に、自分が地獄に墜ちた亡者のような立場で、生殺与奪の権を握られていることを、改めて強く思い知らされたのである。

王の自信にあふれた傲慢な姿態、士卒は武器を手にいかにも鬼をも拉《ひし》ぐといった容貌、それに較べると攻められ守る側の兵には、怯えの色がみえており、捕囚はすでに己の運命をあきらめているような、無気力というか無表情に近い風情で描かれている。

これは広漠たる統治地域を手にした王が古代国家の常で、力による君臨をなしとげるには表現があまりにも短絡的といえるが、己の力を誇示する直截な手段なのである。この絵を見せることによって、屈服させた周辺民族国家の上層部を畏怖させ、反抗してみてもしょせん蟷螂《とうろう》の斧《おの》であることを自覚させ、広大な領土内で叛逆の続発することを防止して、占領地の支配をしやすくするために考え出された、最高ともいえる舞台装置だったのではないであろうか。この壁画には各種の武器類が出てきている。しかしこれらが、青銅製なのか鉄製なのかはケースバイケースで、判断はむずかしいところである。

この発掘現場でのマックス・マロワンと、メソポタミアの殺人をテーマとした『ユーフラテス殺人事件』の作者で、後にその妻となったアガサ・クリスティの、砂漠の廃墟に咲いたラブロマンスはよく知られている。

〈戦場での女性残酷物語〉

捕囚の中でも連行されていく女性の姿は、バラワトの丘から発掘された青銅板のレリーフ（シャルマネセル三世王の宮殿門扉）で、リアルに表現されている。そこには彼女たちの端麗な横顔は見られず、運命に翻弄される諦めの表情が現されている。『旧約聖書』のエレミア書第一三章二二項などに、「貴方の着物の裾は上げられ辱めを受けるのだ」と表現されているが、古くはバビロン第一王朝の王宮女性の衣装を現した、円筒印章にある図柄とも酷似しているので、王女や女官たちの成れの果ての姿を示しているのではなかろうか。このレリーフはウラルトゥのスグニアからの拉致の状況とも言われている。コルサバードの荒野に立った著者の耳に南の方から聞こえてきたのは、彼女たちの慟哭の声かとまがう、砂丘を吹き抜ける啾々《しゅうしゅう》たる秋風であった。

ナホム書の表現はもっと露骨である。後にこの裾を捲り上げて歩く風習が、アフガニスタンの一部女性にあったと言う。女性を拉致するのには誰でもよいのではなく、美女を選ぶのは、勝利者側の人間感情として当然のことであろう。女性の人権を言うのは現在なら容易だが、古代の戦争ではそれも勝者の当然の利得であり、古くはトロイァ落城のときにも王女のカッサンドラが、それだけはとの哀願も聞き入れられずに、ギリシャの小アイアスに辱めを受けている。勝者のあくなき欲望の前には、アテナ神の救いの手も力及ばずであった。以下の女性たちも金銀財宝と同様に、配分の対象となる運命だったのである。

それが神ならぬ人間の引き起こす戦争というものの現実である。あってはならないこと、しかし悲しいかな、それは現代に至るまで、どこの戦場でも同じことが繰り返されてきている。

歴史は往々にして勝者の優越感の表現となり、そこに生じた敗者の悲哀には目を覆っている。

鉄塊を大量に備蓄した地

さて次に中東を制覇した強豪アッシリアの戦力のポテンシャルエネルギーとなった鉄を、大量に備蓄していたと言われている**コルサバード**の遺跡について触れたい。ここは古代にはドゥルーシャルッキンと呼ばれて、サルゴン二世王（紀元前七二一〜七〇五在位）が王城の地として築城したところである。しかし何のためか紀元前七一〇年から、わずかに五年間で大工事遂行の幕を閉じている。建設準備段階などを考慮すると、おそらく完成しないうちに工事中止になったのではないであろうか。

なぜこんな壮大な無駄をやったのか。歴史上のミステリーとも言われている。王の死と軌を一にしているのも不思議である。首都の役目を投げ捨てて廃墟と化し、元の小部落へと衰退していったわけである。著者は当時ザクロス山脈北部から西北へと、続々移ってきたメディア人などの関係があったのではないかと考えている。現在のよく知られている名称のコルサバードは、後になってササン朝のコスロエス、つまりホスローの街ではないかという誤解から、こう呼ばれるようになったものである。

遺跡としては市壁の西北西の内城と呼ばれる部分が知られ、周辺のアッシリア関係遺跡とともに、古

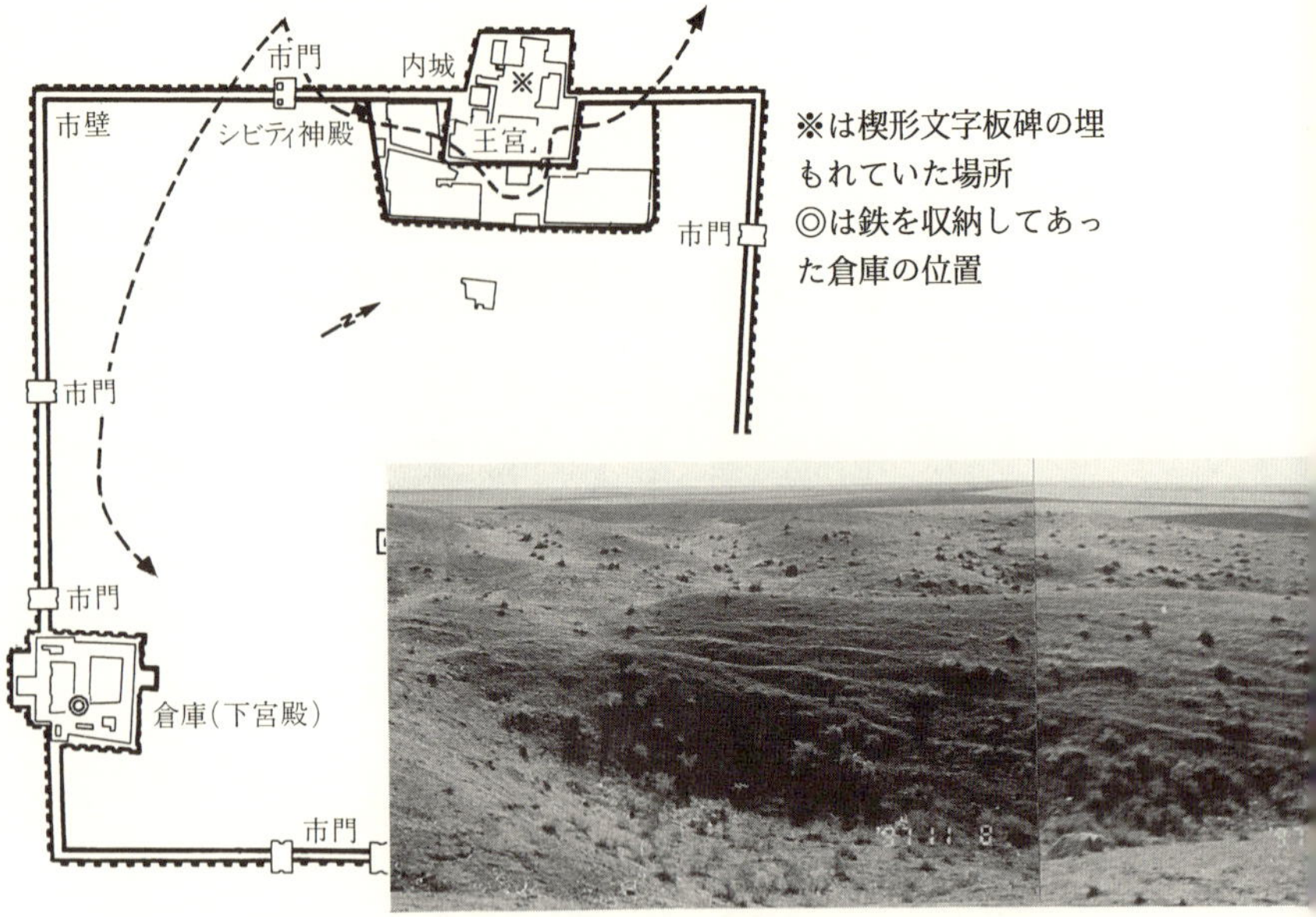

※は楔形文字板碑の埋もれていた場所
◎は鉄を収納してあった倉庫の位置

コルサバード宮殿跡　サルゴン２世王が鉄塊を備蓄していた倉庫の跡
（破線は著者が歩いた道）

代史マニア必見の観光地となりつつある。しかしナブ神殿やサルゴン二世王の宮殿跡、崩壊したジッグラトなどを残して、ほとんどの遺構は埋め戻されてしまい、広大な泥土の丘と化して農牧地へと変貌が進んでいる。神殿遺跡付近には壁体裾部で囲まれた遺構の空間に、獣脚を持つ石製品の基部が幾つか残っており、建設完了時の雄大豪壮な首都の風景がしのばれる。王宮の中庭に埋没していた石盤の露出した部分には、アッシリア語の楔形文字が彫り込んであったが、残念ながら土砂を除いた部分には、鉄を示す文字は書かれていなかった。

竣工時にはここから東南へと延びた約一七〇〇メートル角という雄大な規模の、バットレス式の市壁（石積みの支えが付いた城壁）で囲まれた豪華な都城であった。ここの発掘では有翼人面牡牛など大量の遺物が出土したが、前述の事故（一四三頁）で失われてしまった。

　さて鉄が大量に出土したと言われている倉庫は、前述した内城の区域から南東に一二〇〇～一三〇〇メートルほどのところにある（前頁の図）。観光で立ち入る場所から見ると割りと近くに見えるが、砂の丘を歩いてみるとかなりの距離がある。普通こんなところに行く人はまずないので、

コルサバード宮殿遺跡での著者

何でそんなところへ行くのかと観光省の役人も呆れ返っていた。

　二八〇〇年前確かにこの辺りは、世界でトップ級の鉄鋼備蓄地域であった。それが今は牧草も疎らな茫漠たる砂原である。かつて四周の国々を睥睨《へいげ》していた、アッシリアという強大な帝国の面影は微塵もない。露出しているわずかな礎石に、盛者必衰のことわりを痛感するのみである。南西側へ市壁の盛り上がりに向かって斜めに突っ切るように進むと、少し突出したような感じを受ける場所がある。何とも不完全な埋め戻し作業なので、倉庫のあった付近は大部凸凹になっている。大小で六、七棟分の遺構は埋っているであろう。

その中で鉄を収納していたといわれている倉庫は、ルードウィヒ・ベック博士の大著『鉄の歴史』(中沢護人先生訳)によれば、間口二・六メートル、奥行五メートル、高さが一・四メートルとなっている。しかしこの高さは壁体が崩落しているはずであり、兵士が鉄製品を搬入搬出したであろうことを考えると、短槍を持って入るには二メートルちょっとは必要であろう。また煉瓦による壁の厚みも考慮しなければならない。こうした点から考えると、ここに一六〇トンの鉄材が収納されていたとは、どうみても考えられない。この数値は理論的にそこに鉄が一杯詰まっていた(幅二・二×奥行四・六×高さ二メートル=容積二〇・二四立方メートル、これに七・六の比重を掛けると一五八トン)と計算されたのではないであろうか。少し出来過ぎた話ではないかと思う。この建物では一六〇トン入るはずがない。それでなければ好意的に解釈しても、他の場所で出土したものを合算しているとしか考えられない。

出土した半製品の鉄塊は大小不揃いな鰹節形をしており、一方の端に小さな孔を明けそこに縄を通して連ね、輸送するのに便利なように配慮されていた。V. Place の報告では重さは四〜二〇キログラムと発表され、長さも三二〜四八センチ、太さは最大部で七〜一四センチ程度である。最大のものを標準にみると、一炉で生産したとすればその炉の仕様は、古代の還元鉄の状態では完成した鉄塊の三〜四倍の嵩《かさ》はあるので、かなりの大きさのものであったと推測される。なお半製品だけでなく、嵩ばっていたであろう鎖や斧・鶴嘴のような完成品も相当数混じっていた。フランスのルーブル美術館東洋室には、運よく水没の難を免れたもの数個が保存されているとのことである。

この遺跡は日本人の尋ねて来るのが珍しいらしく、五分か一〇分の間に四〇〜五〇人も子供が集まってきて、人の顔を見るなり「野蛮爺、ペン、ソーラ」の大合唱になった。一瞬驚いたが野蛮爺とはジャパーニズの訛った発音と判った。ペンはどこでもおなじみのボールペンのこと、ソーラは写真を撮ってくれとせがむ言葉である。しかし被写体の前に遠慮会釈なく立ち塞がるのには、目的があってきている著者はどうにも僻易させられた。

以上鉄に関連のあるイラクの遺跡を中心に概略の状況を話したが、これらの遺跡の出土品のうち幾つかの鉄製品は、バクダッドやモスールの博物館にもある。しかし、爆撃で破損亡失することを恐れたイラク文化人の手で、収蔵品は総て密かにどこかへと持ち出され、地中に埋蔵されているとの説明があった。バクダッドは特別に二室展示してあるところを見たが、現状ではとても一般に公開することは無理で、展観できるようにするためには戦争が終結しても、準備期間が五年くらいは要するとのことであった。モスールの博物館は薄暗い雰囲気で、鍵がかかっており完全閉鎖になっていた。

半製品の掠奪と工人の確保

このように見てくると、南はもちろん北部でも、鉄で武装されて鬼をも拉《ひし》ぐ軍団と言われてきたこのアッシリアが、鉄鉱石の産地を持っておらず、鉄製武器の確保充足には苦心していたという、弁慶の泣きどころを持つ国であったことが判る。例えばチグリス河の川砂を採集してきて調べてみたが、ピシュクビア城塞川岸の砂の場合、磁石で調べても砂鉄は全くといってよいほど含まれてはいなかった。金属の有用性と稀少性、だからこそ実用金属の筆頭である鉄は、古代国家の首脳たちを大遠征のための必須素材として、多大の犠牲を払ってでも獲得に駆りたてたのである。

それでは重武装の侵攻軍は、どのようにして編成されたのであろうか。著者は、年代にもよるが、完全武装の兵士はそんなに大勢はいなかったと思う。当初は大国化に伴う軍備の増大のため、捕囚や奴隷の兵士も加わっていたので、武器が行き渡らなかったものと考えられる。粘土板文書の記載からは、確かにダマスカスからアダドニラリ三世（紀元前八一〇〜七八三在位）が大量に奪ったことなどが判る。しかしそれでも、全軍に十分な武器を持たせるにはとうてい至らなかったはずである。

粘土板文書の記載から推理すれば、どうも北側にある山岳地帯の産出地から、遠征のたびにまとまった量の素材を掠奪してきたようである。鍛冶工は寸法やデザインの点があるので、経験者を捕囚として連行したのであろうが、その材料の鉄塊などは力に任せての掠奪か、泣きの涙での貢納物だったわけである。王国の権勢は強力な磁石のように鉄をはじめ金銀・食料などの諸物資を、吸い付けるように素朴な船や車に乗せて首都へと運んできたのである。

そうした恵まれた経済基盤？　を持つウラルトゥは、紀元前九世紀頃から台頭を始めてきて、年を経るに従って徐々に隆盛を遂げたのである。サルドゥリ一世王（紀元前七六〇〜七三〇在位）の時代に最盛期を迎えたが、アッシリアのティグラートピレセル三世王（紀元前七四四〜七二七在位）、さらに豪勇を伝えられたサルゴン二世王などによって、執拗なまでの侵略攻撃を受け続けてしまった。こうして前八世紀の末には大幅に周辺の国土を失って、急速に衰退していったと言われている。

さらにそれに加えて、スキタイやキンメリアの侵入も大きな痛手となった。しかしそれでも細々と命脈を保ち続け、前六世紀に入ってメディアの蚕食を受けるに至って、その後に曲折はあったものの、とにかく完全に息の根を止めさせられてしまった。なおこのようなアッシリアが行なった、ウラルトゥに対する資源獲得が目的の攻撃は、国力を傾注しての国策的戦略の展開と推測することができる。したがって、ムサシル進攻に関する粘土板文書の記述によると、この戦いはアッシリアの一方的な勝利だったと誤解されやすいが、しかしウラルトゥという国は、それほど脆弱なものではなかったようである。

もっともウラルトゥ領土内の鉄産地が、鉄の製錬をし得なかったアッシリアの標的となり、鉄製武器を賄うための半製品ないし武具類の、有力な略奪源にさせられていたことは間違いのないところである。

またこれだけの大軍を繰り出す大遠征を次々としていては、人力に頼ることの大きかった当時の農作業では、開拓・灌漑などの労働力が不足してしまうのは当然で、捕囚たちはその補充にも当てられていたであろう。大量の捕囚拉致はアッシリアの場合も、バビロニアの場合もその他でも、勝った者の当然の権利としてどこでも同じように行なっていたはずである。しょせん歴史とは勝者や権力者に都合よく書かれるもので、全く公平無私な立場で書かれたものなどはあり得ないのである。

ウラルトゥのアルギシュティ一世王（紀元前七八一〜七六〇在位）やサルドゥリ二世王の、カルミル・ブルルの神殿に奉献した青銅製の兜や楯を見ても、この地域の金属工芸の水準がいかに高かったかが判る。ここでは各種の鉄器や武器の倉庫までも発見されていて、生産が飛躍的に大きかったことが判る。軍拡に狂奔するアッシリアの垂涎措く能わざる土地だったはずである。

この辺りで著者が見て回った遺跡は、前二世紀頃のアルメニア王の居城跡に設けられたガルニ神殿（太陽神信仰の跡、現遺跡は一世紀の建築）と、ヴァン城を中心にトルコ・アルメニア共和国寄りの国境付近、さらに新しいものを含めても、七世紀に建設されたズワルノーツ教会遺跡程度であり、エプリシメ教会は世界最古のキリスト教会と言われているものの、破損と再建が繰り返されていて、旧態は全くなく十七世紀のものにすぎなかった。

この付近から西側を歩いていて、ヴァン湖北西岸のアハラットの付近や、さらに奥地のアニ遺跡など、遠征の対象地で結構豊富な砂鉄の産出を目にすることができた。将来トルコ考古学界などの研究が進めば、この辺りで幾つかの製鉄遺跡が発見されるであろう。

一方アッシリア東寄りのイラン西北部、つまりウルミエ湖の周辺地域は、初めミタンニの属領であり、後にアッシリア領に変わった変転の繰り返されていたところであるが、そこにはゲオイテペやハサンルに加えて、古くから鉄の文化を持ったディンカ・テペ、アグラブ・テペ、ハフトンバン・テペ、バスタムなどが見られ、もう少し南ではジブイエ（マンナイ領）などの、やはり古い鉄器文化を包含した遺跡がある。この付近は常にメディア系の種族などが、占拠の形態に差はあるにしても跳梁跋扈《ちょうりょうばっこ》していた地点である。しかしアッシリアからの遠征地としては、距離的にそれほど遠いところではない。これらの地の鉄器も勢力の関係から時代によって盛衰はあったものの、当然のように勝者に鹵獲されていたことであろう。

この付近のものは陸路を車を主とした輸送であり、それに反して一方のウラルトウ側からの場合は、チグリス・ユーフラテス両河を船を使っての輸送になるが、距離は二五〇キロから三〇〇キロであるから、この程度なら楽に搬送してくることができる。捕囚奴隷を輸送労働に使えば一挙両得である。しかし従来の研究成果から憶測すると、捕囚の工人はウラルトウからカフカス山脈南部にかけての者よりも、南のイスラエルやユダの人間の方が比較的穏和で、連行して来るのにやりやすかったのかもしれない。

武力の充実をはじめとして、もろもろの経済力の基礎となる鉄、その鉄文化への憧憬がアッシリア

——バビロニアも同じであるが——をして、財宝掠奪とともに、北へ南へと自国で産出しない鉄素材を獲得するための、飽くなき軍事行動に走らせていたとも考えられよう。

古アッシリア時代（紀元前一四五〇～一〇七四）の遺跡を調べた報告では、鉄には宗教的意味合いや用途が濃厚に認められ、神殿の礎石やわずかな奉献品などに用いられていたと考えられる。しかし、アッシリア帝国期（紀元前九三三～五一二）になるとその様相は一変してくる。この頃の軍団では直接的な武器、つまり刀剣などとしてよりも、初期にはむしろ鶴嘴や斧の類に広く用いられたようである。刀剣・甲冑などにはまだ伝統といった要素が根強く残っており、青銅製品のものが使われ続けたことであろう。鉄剣には珍重された匂いが強い。また後者では平和時にあっては帝国の経済力を充実するための、治水・開拓に大きな力となったことが推測される。この地の古代における驚くべき大治水工事は、鉄製工具の存在なくしては考えられない。なお初期の出土品になると隕鉄と人工鉄の識別も十分ではないので、ウルの鉄破片がニッケル含有量一〇・九パーセントなどと言われているが、とにかく科学的調査法の進歩した今日、X線CT、発光分光、放射化分析などの設備の活用による国際的な再検討が望まれる。

〈クルド人と鉄の文字〉

旧来アッシリア領土の北東部などはクルド人が多かったが、年々北側の山間部へと移ってしまって、現在ではあまり見掛けることができなくなってしまった。イラク、イラン、トルコなどの国境地帯に稠密に分布しており、この区域だけでも約五〇〇万人が国家なき貧しい民族になっている。三一～四十年前にはキルクークの町で半数の人々が、クルド人だったと言われている。しかし現在はモスール辺りでもなかなか見掛けることができず、やっと捜し回って鉄について聞くことができた。しかし市内で会った数少ないクルド人は、言葉も文字も忘れてしまった人が多く、やっと捜し出した人は、答えてくれても訛っているのか、辞書の発音記号とは微妙に異なっていて、何度聞いてもアースンと言い、トルコ東部で聞いたアディルともかなり違っていた。

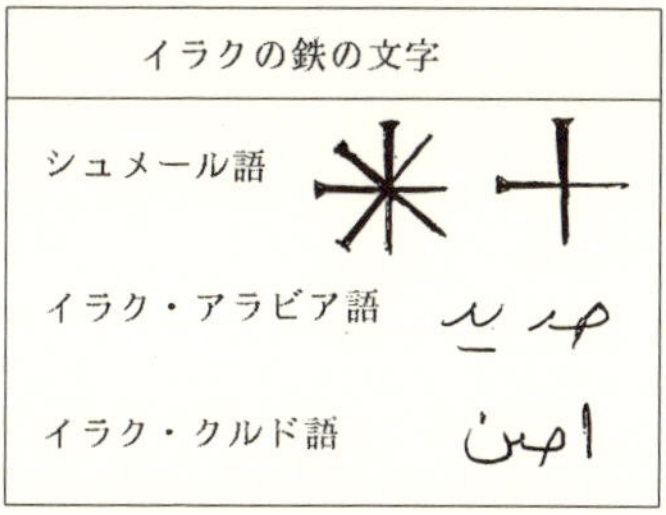

　文字は上の通りであった。この言葉については学者の間で、古代ペルシャ語との間に類縁関係の有無が論じられている。しかし、著者は鉄に関する限り、素人の考えだが、アッシリア語のアッシユームが変化したものではないかという気がしてならない。イラク人は鉄のことをハデードと言っており、シリアやヨルダンとほぼ同じ発音である。元を辿れば皆セム系なのであるから、当然のことながらアラビア語である。

モスールで会った民族衣装のクルド人男性。黒っぽい上着に帯、ダブダブのズボン、頭には黒白の格子縞のターバンを巻いていた。

　鉄の創始について、すでにハイデルベルク大学のデュラー教授は「鉄の製錬と加工を発明したのは、ヒッタイト人でもアッシリア人でもない。前三〇〇〇年紀のメソポタミア南部と東部において、また前二〇〇〇年紀のバビロニアとマリにおいて、少なからず前触れがあった」と述べている。しかしこれらの首都は、入手方法がどうであれ、鉄の集散地であり消費地であって、生産地はイラン西北部・トルコ東部・カフカス南麓など現在のクルド地帯を、鉄冶金の発生地と考えることがほぼ妥当であろう。

アッシュール遺跡　小山のようなジッグラト

第六章　トロイァ戦争で鉄は

渡海し散って行ったイオニア人

トルコの沿岸部には稠密にギリシャ系の文化が浸透している。それは地中海東岸一帯をギリシャ、フェニキアの二大海洋民族が、新天地を求めて広く植民活動をしていたためである。とくにギリシャ系のイオニア人は他の人々より、文化的でかつ若干温厚な性格の民族であったとみえ、ドーリア人の南下に伴う圧迫から逃避を続けてきた。やがて年を追って定着した西南トルコをはじめ、各地に海港都市を建設していった。そしてそこに残した神殿・宮殿遺跡のイオニア式円柱などから判るように、独特の様式を持った文化を広めていった民族であることが知られている。

彼らは金属工芸にも極めて秀でたものを持ち、自身の作品を供給したのみならず、接触したスキタイ、サカなどをはじめ匈奴などにまでも技術工芸を伝播している。あまり知られていないが初期鉄器文化にも大きな影響を与え、年代的には常識より若干遅れるが、次に記す地域の大部分では「イオニア人の足跡のあるところ必ず鉄の文化あり」と言っても過言ではない態様である。なおイオニア人はこのトルコ・黒海付近だけでなく、反対の西側にあるイタリアのシチリア島やサルディニア島をはじめ、遠くマルセイユ付近のマッシリアを中心とするフランス南部海岸地帯、スペイン東南部海岸のヘレオスコピューム（現テニア）などにまで進出していた。

彼らは初め本土では北東部のマケドニア地域から南下し、ギリシャの東側やエビア島などで勢力を持っていたが、前述のような状況から自《おの》ずと海外進出の気風が醸成され、対岸の小アジア海岸地帯および黒海沿岸の各地などに活発な植民活動を展開した。トルコでは比較的ドーリア人の来ていた西南部のアンタルヤ西南側地帯、ベルガマ地帯、さらに北側ではヘラクレア（現ゾングルダーク付近）辺りの海岸部を除いて、時代の推移とともに濃淡はあるものの、トルコ全域にわたって海岸の縁部をほぼ環状に、点々とイオニア人の勢力範囲としていた。これらの地域、とくに西部は内陸部と異なり、温暖でオリーブや葡萄の撓《たわわ》に実る地域である。

その勢力圏を彼らが築いた都市群でみると、現在のイスタンブールのアジア側にあったカルケドン、チャナカレ付近のアビドス、エーゲ海に面してはフォーケーア、スミルナ、エフェソス、ミレトス、さらにトールス山脈の南麓のシデやナギドス一帯、地中海東端に浮かぶキプロスも大部分はそうであった。北側ポントス地方へ続く地域ではシノペ（現シノップ）、アミソス（現サムソン）、トラペズス（現トラブゾン）なども著名である。

また黒海の北岸にも多数の植民都市を擁しており、ブルガリアのアポロニア（現ブルーガス）、ルーマニアのイストロス（現コンスタンツア）、旧ソ連のウクライナに入ってはドニエプル河河口のオルビア、オデッサ、クリミア半島南端のヘラクレア（現セバストポリ）、東側のテオドシアとパンチカペウム（現ケルチ）、グルジョアに属するスフミ南部に金毛羊皮伝説のファシスなどもある。この付近はかつては農耕スキタイの蟠踞地であり、近傍にはクリボイログの大鉄山やクリミヤ・ケルチの大鉄山があって、ケルチの対岸には優れた金属工芸品の出土で知られたクラスノダール、その北アゾフ海の東北端にはロストフがある。

こうしたイオニア人たちの積極的な進出発展の理由は、北からのドーリア人の圧迫もあるが、海上交易ではフェニキア人に一歩遅れを取ったとはいえ、豊富な農工産品の取り引きに加えて、ギリシャ東部やエーゲ海の島々で長年育んできた鉄の生産・販売、加えて豪華な宝飾加工などの才覚技能を生かし、新天地を開拓していったからではなかろうか。

話が広域に過ぎてしまったきらいがあるので、西トルコの地に絞ることにする。この地域で誰しも注目するのは、シュリーマンの発掘で有名なトロイァ（首都名イリオン、トゥルワ）であろう。

ギリシャにとってこの付近での戦乱は民族移動の影響で、各民族とも東へ東へとエーゲ海を横切り、ヘレスポントス（ダーダネルス）の海峡を経由しマルマラ海を通って黒海に進出し、その沿岸各地に点在させた植民地の権益を守り、さらなる発展を図っていく国策的な必要があった。もちろん遺跡から見てそれらの地は、往時の新金属である鉄を生み出す拠点でもあったし、出土品からみてもその文化圏を構成し始めていた。

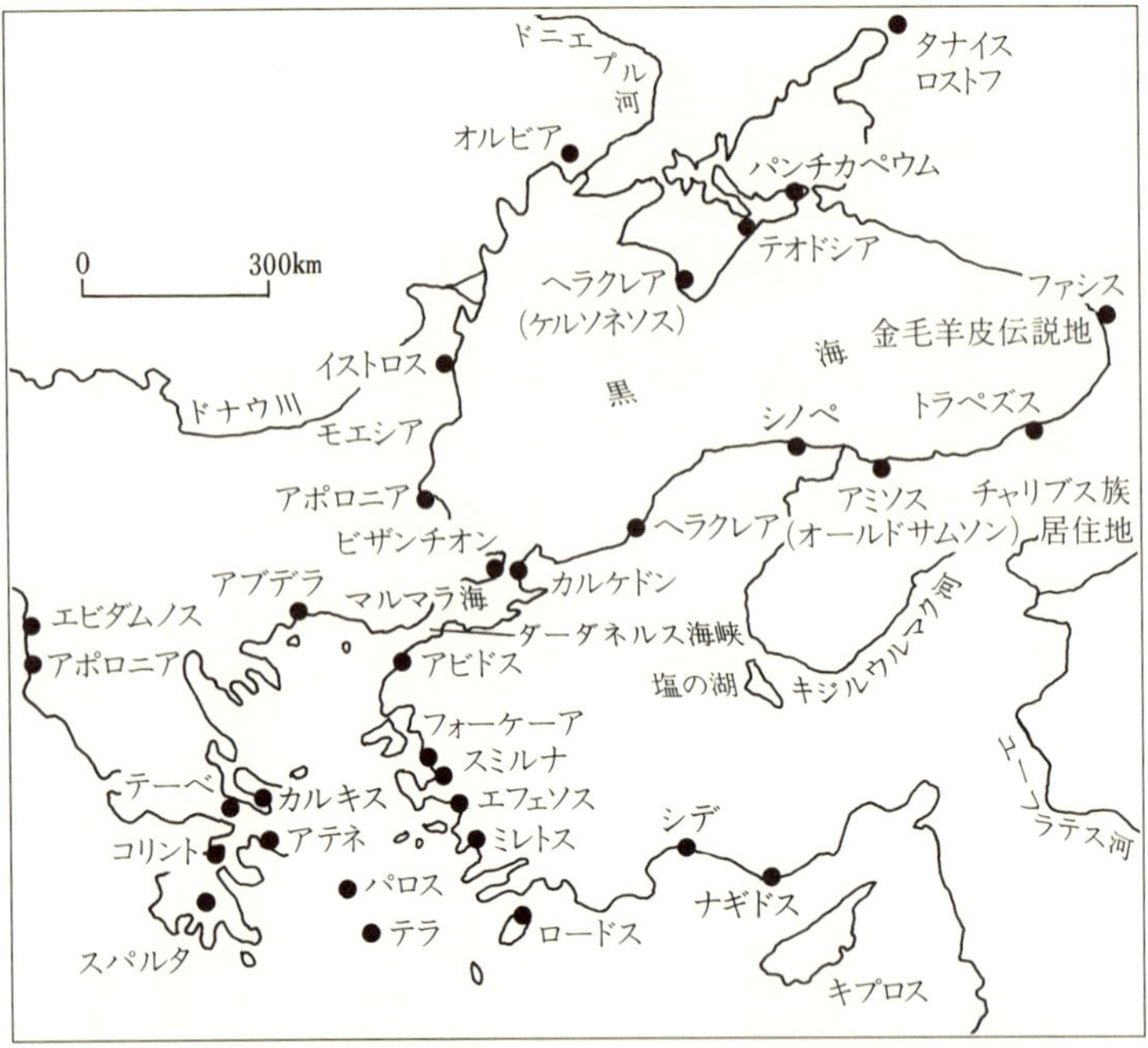

ギリシャ人の植民地分布図　コリント・スパルタ以東、ファシスまでの黒海・小アジアの地域。凹凸はあるにしても主として、地中海を横切り北側はギリシャが抑え、南側はフェニキアの勢力圏となっていた(黒海沿岸の主要都市がすべてあまり内陸へと進まず、臨海形式でギリシャの植民地になっていることに注意)

したがって、その咽喉部に当たっているトロイァの地は、地形から見ても大監視哨であり、ギリシャ系の民族にとって、制海権を確保するためには、どのようにトロイァ側の頑強な抵抗があろうとも、まず最初に手中にしなければならない地点と目される場所であった。もしここで敗れて支援の手段を失ってしまえば、前記のような営々と築いてきたあるいは築きつつある植民地は、瞬く間に崩壊してしまい、周囲の国々（民族）の餌食になることは必定であった。

　このような生々しいギリシャの植民地政策戦争が、素朴なギリシャ神話などによってオブラートに包まれ、当時は美女を拉致するようなことは当たり前のことであったから、主役を象徴的なスパルタ王メネラウスの妃ヘレネ（英語ではヘレン）とし、それに僻んだ性格を持つトロイァの廃嫡王子パリス（後に認知されたとも）を配して、誘拐そして奪還の一大長編ドラマに仕立てたのであろう。そもそもの発端がヘレネが結婚して三年の十六歳だったとして、落城時は二十六歳、早熟のこの地では絶世の麗人もすでに姥桜だったであろう。とにかくこの争奪戦争はあまりにも大規模であり仰々しすぎる。この今に残る流麗な文章の古代戦争物語は、ホメロスという不世出の大詩人が、伝承を限りなき文才によってアレンジした結果でき上がったものであろう。

　しかしそれでも本章では、あえて周知のホメロスの長編叙事詩から入っていくことにする。

スカマンデルス河口の血闘

シュリーマンの多感な少年期に血を湧き立たせたトロイァ城炎上の物語。それをさし当たり詳細に知ることのできるのは、ホメロスHomeros（英文名ホーマー、生没不詳）が著したとされている『イリアス』と『オデュッセイア』の二冊である。前者は戦闘のほぼ後尾部分のみであり、後者は終戦後に故国への帰還途次で遭遇した事件を叙述したものである。

その概要は改めて記すまでもないが、ごく簡単に述べる。現実と神話が混交した形をしているが、次のようなことになろう。

この十年に及ぶトロイァでの血闘は、『オデュッセイア』の詩編から見るとアフロディーテなど三人の美女が、絶世の容色を競いあったことから始まっている。このアフロディーテは、大理石のヴィーナスの清純な像からは想像できないが、奇妙なことに足の不自由な跛行の鍛冶屋へパイストス（吹子踏みからきた職業病と考えられているが、常に単一労働を続けている姿勢からのものであろう。ギリシャの火と鍛冶の神、ナクソス島で修行と伝えられる）が夫であり、醜い不具者なので彼女は嫌気がさしたのか多情の神らしいが、武神のアレースと馴れ合いの間柄になっていた。それはさておき、その彼女が容貌くらべで自分の点を上げるために、トロイァの第二王子パリスに接近し買収した見返りが、ミュケネ王アガメムノンの弟でスパルタ王メネラオスの噂に高い美貌の妻、ヘレネ王妃との仲を取りもちすることであった。

彼女は神話では最高神ゼウスの娘である。それをこともあろうにトロイァ王プリアモスの第二王子パリスが誘拐して、エーゲ海の彼方西トルコのトロイァへと拉致してしまった。このパリスという男は別名アレクサンドロスで、王子とはいえ王位継承の資格を剝奪されてイデー山で羊飼いをしていた。したがって詩を素直に読めば、おそらく王子でありながら捨子同然に育った境遇から、満たされない権力への欲求に心中は煮え滾っており、それゆえにこそこのような非行に走ったものともいえよう。

したがって直截にいえば、海を挟んだ不倫の恋の物語である。ギリシャ側にすれば誘拐事件だと激昂しようが、トロイァ側にすれば世間知らずの王妃のよろめきにすぎない。

こうしたことからギリシャ軍はアカイア（ギリシャ人の総称）、アルゴスなどと呼ばれた連合軍団を編成し、アガメムノンを総帥として、ヘレネ奪還の名分で遠征の大軍を繰り出した。これに対して、厄介者のパリスをなぜ国を挙げて援護するのか判らないが、トロイァ側はプリアモス王の長子で、トロイァ随一の勇将と呼び声の高い同国王ヘクトールが、籠城軍を組織して十年に及ぶ激烈な戦闘を展開したのである。

よく知られている木馬の計による、ギリシャ軍の城門突破の話は、これらの文面によると『オデュッセイア』の第八歌と第一一歌に現れてくるが、一般的によく知られている記述には、三世紀になってスミルナ（イズミル）出身のクィントゥスが書いた『トロイァ戦記』（松田治先生訳）がある。

しかしいずれにしても、いかに妖艶な絶世の麗人であったかもしれないが、ヘレネという一人の女性の取り合いだけから、ポリス連合をあげての激突が始まったとはどうも考えがたい。ギリシャ本土においても、領土拡大や王位継承に関する覇権をめぐっての、血で血を洗う凄惨な闘争があったのではなかろうか。終戦後ようやく帰国した凱旋将軍のアガメムノンが、空閨十年再会を待ち焦がれていたはずの王妃に、妃に通じていた夫の従兄弟であるアイギストスと共謀して殺されてしまうのも、こうした当時のポリス上層部をめぐる権力闘争というか、複雑な事情をほのかに物語っているものと思われる。

また、主原因がギリシャの国々の内部で発生した内紛などでないとしたら、民族南下を余儀なくされはじめた過剰人口による、小アジアへの国策的進出のための突破口として、前記のような海外政策での農産、交易、徴税の拠点にあたるこの地が狙われたということができよう。

いずれにしても、古代伝承が長編叙事詩としてまとめられたものであるが、百五十年間にわたる考古学的発掘調査の成果によれば、それに類似した戦乱が存在したであろうことは、文飾を取り除けばほぼ否定できないようである。

さてこの遺跡に残された破壊の時代が何時頃なのか。発掘された同地の層位は九層からなっていて、最古は紀元前三〇〇〇年以前にも遡っており、発見者のシュリーマンですらも、宝探し的な乱掘をしてしまい掘り込み過ぎて、下から二層目まで掘り下げてしまって、前二五〇〇年から前二〇〇〇年と推定される層位をそれと想定してしまった。こうした点から後続の考古学者たちは、過当にシュリーマンの大発見を批判しているが、昔はそうした乱暴な発掘例は幾らでもあった。泉下のシュリーマンに言わせれば、出土した文化遺産の膨大さ故の中傷であり、他人の功名を嫉《そね》むための酷評であって、コロンブスの卵の二の舞だと笑うであろう。

しかしその年代推定は発掘着手から二十年ほど経過して、大量の遺物が集積され研究が進んだ結果、トロイア城砦の遺跡はもっと上部の、紀元前一二〇〇年から同一〇〇〇年近くに該当する第六層の終りから第七層の初めあたりがそれと推定された。これなら小アジアはすでに鉄器時代に入り始めており、トロイァは鉄の産地として知られた、東トルコのポントス地方(製鉄民族チャリブスの居住地)から一三〇〇キロの地であり、かなり隔たってはいるもののごく少量なら搬送されていたであろう。また、推定された年代の時代なら、ヒッタイトの滅亡前後であって、その技法は同国の押さえが弱まったので漏洩し、他国では導入が始まった頃である。

すでに隕鉄を利用していた時代ではなくなっており、完全に鉄鉱石を還元して造った鉄の時代になっていて、当然利に聡《さと》い隊商の交易で貴重品として扱われていたものと思われる。前一二〇〇年前後頃のヒッタイトの鉄秘匿がどの程度厳格なものであったか、そして国家崩壊の非常時にどういう形で管理が緩んだのか、トロイァ遺跡での鉄器出土のあまりにも乏しい点と考え合わせ、非常に興味の持たれるところである。フェニキアやポントス山地、トールス山脈東南のキリキア地方の製品が、西部の港市に消費と転売のため運ばれはじめてきていたことも、当然考えてよいことであろう。

しかし前記の詩編でも、すでに人工鉄の時代であったことを示唆しているものの、不思議と遺跡からの鉄製品の発見例は乏しい。これは鉄器が当時の考古学研究者・発掘者に、貴重品扱いされる出土物の埒外（錆塊のようなものであって美術品としての価値がなく、特殊なもの以外は魅力に欠けるので研究対象外。美術館にはとても飾れない）と考えられていたためではなかろうか。それとも農工具など庶民的な分野では鉄は貴重品であったから、廃品の再生利用が進んでいてごく小片になるまで使われていたのであろうか。あるいはまだ本当に乏しくて埋蔵されていなかったのであろうか。

軍船エーゲ海を行く

エーゲ海をトロイァ目指して進むギリシャ連合遠征軍は、『イリアス』第二歌の記載では、オリュンポスに住まう歌の女神ムーサの詩によると、その陣容はアガメムノンの率いる軍船一〇〇隻を筆頭にして、八〇隻からわずか三、四隻のものまで、平均すると一軍団が三〇隻から四〇隻程度の編成で参加していた。合計では二九グループ、率いる将は副将を含めて四二人、軍船は千百数十隻に達している。これらの軍団は現在のギリシャ・ミケーネの南側にあって、ボイオテアの港市があるアウリヌの海（現アルゴリコス湾）に結集・出発したという。

数字から見てもこうなると例え素朴な古代人であっても、利己的な計算から駆け引きによる日和見参加も出てこよう。しかしどう考えても四万を越える軍勢が海上を埋めつくすように、四〇〇キロの距離を舳艫《じくろ》を触れ合うような状態で、進航をしたなどとは考えられない。第一吶喊《とっかん》と号令がかかれば兵は城内から一気に駆け下りてくるような、そんなこの狭い上陸地に、これだけの将兵が十年もの長期の間陣を張っていたのなら、攻撃軍も対する籠城軍もともに食料が乏しかろうに、その確保などはどのようにしていたのであろうか。周辺はトロイァに誼《よしみ》を通じる国々ばかりであるし、掠奪まがいの徴発をやったにしても限度があろう。合理的に考えれば動員兵士の過半は輸送要員だったはずである。また戦闘での武器の補給など物量面での問題も生じてこよう。

この遠征に使用されたギリシャ連合軍の船舶であるが、前述した第二歌に記されているボイオテアの若者一二〇人乗りの船は、例外というよりも誇大表現であろう。後半で記す五〇人乗りというのが一般的な見方にしても、これも船型の大小などを考えると、ペルシャ戦争当時（紀元前五〇〇～四七九頃）より約六百～七百年も前のことである。したがってガレー船に近い軍船であったにしても、まだまだ十分な発達をしていなかった段階であろう。

『イリアス』の著作は紀元前八〇〇年頃のことであるから、時代の流れによる技能の進歩は、現在のそれとは全く異なる遅いものであったにしても、群雄割拠の時代であるから最優先の兵器は、経験の蓄積で当時なりの改善がなされていたであろうし、したがって初歩的な構造船になっていたことは確実であろうが、記載されているものよりは一回り小型のものと考えてよいであろう。定員三〇～四〇人程度の木船や葦船とすれば、全長は一三～一四メートル前後であり、乗り込んだ将兵の大部分は戦闘員兼漕ぎ手であろう。

エジプトで発見されている新王国時代の第一八王朝・ハトシェプスト女王の船の壁画は、勢力伸長期であり例外としても、死者の船やナイル河の漁船などはさらに遡った中王国時代というのに、かなり大型のものになっている。ギリシャ自身が古くからの海運国で、しかも海上を頻繁に往来していた隣国のことでもあり、こうした程度の造船技術の導入・習得をしたことは十分に考えられる。しかし他面、戦闘に際しての小回りということも考えなければならない。

『オデュッセイア』第五歌で、オデュッセウスはその構造や製作について「すべての材木に穴を穿っておいてこれを組み合わせ、繋ぎの木を渡し、木釘を用いてしっかりと筏を組み立てる。あたかも練達の船大工が、幅広い貨物船の船艙を広く作り上げる如く、オデュッセウスは筏をそれほどの広さに作りあげた。ついで緊密に助材を組み合わせ、これに板を打ちつけて甲板を作り、さらに作業を続けてゆく。これに長い舷側をめぐらせて筏を仕上げたが、ついで帆柱とそれに見合った帆桁、さらには船の方向を定める舵を作る。波の入るのを防ぐべく、船首から船尾にかけて隙間なく柳を編んだ垣をめぐらし、それに柴を一杯に詰めておく」(松平千秋先生訳)と構造船と筏を折衷したような形のものを表現している。また『イリアス』の第一五歌にはアキレウスに次ぐ勇将であるアイアスの活躍場面で「船の後甲板を離れ、船首につながる高さ七尺(二メートル強)の通路の上を……」(同)とあり、これらの記述には矛盾もあるが、誇張した表現でなければ、予想以上に大型のものになっていたことが想像できる。

著者がやや小さい前記程度の大きさの船と推測したのは、トロイァ戦の場合ギリシャ軍の戦術として、海戦ではなく海浜部に強行達着(砂浜に船を乗り上げさせて上陸。そこを拠点として出撃する)して戦う作戦をとっているからである。この方法では船を陸に引き上げる必要上、あまり大型船ではそれが不可能であり、中型船でも先遣兵士が轆轤を応用したキリン程度のものを持ち込んで、綱をかけ回しながら引き揚げることになろう。沖で停泊したり島嶼部の陰などにいた船もあろうから、全軍の二割程度がこの方法をとったとしても大変な作業である（著者は戦時中、船舶部隊でそうした作業を経験している）。

城兵はこの橋頭堡《きょうとうほ》を潰すため執拗に攻めたててくるし、ギリシャ側も夜陰にまぎれての襲撃といったことを、頻繁にやらねば目的の王妃奪回はできない。局地戦だけに激しい斬り込み乱闘の連続となる。これは正に大坂城が落ちる夏の陣（元和元年〈一六一五〉）のときの、徳川方の千姫救出作戦と非常によく似ている。

ラムセス３世時代のメディネト・ハブの壁画にあるトロイァ戦争頃の軍船（左エジプト船、右ペリシテ船。「古代イスラエル文化展図録」より引用）

なお当時の船戦の実情はラムセス三世が残した、メディネト・ハブの壁画（紀元前十三世紀）がほぼ誇張のないものであろう。このような二〇～三〇人乗り程度の船であったと思うが、それにしても建造には木釘だけでなく、構造上この程度大型になってくれば、力のかかる部分には青銅や鉄で作った金具を使用していたであろう。また戦術として船を何年も陸へ揚げておけば、敵方の火矢による攻撃、斧や鶴嘴による破壊、船底部からの木材の劣化なども生じてくる。常時補修していなければならず、金属釘もかなり必要としたはずである。

補注　大型船のみを考えてはいけない。それはまだ将クラスの乗る船であり、カヌーや葦船のような小回りのきく小型船も多数使われたであろう。トロイァへとヘレネが渡った船は、ローマの元ラテラノ美術館にあった、現ヴァチカン市所管のレリーフでは、小さな帆はあるもののわずか四、五人乗り程度。大英博物館の絵でも一〇人程度が乗れるくらいの初期的な小型の構造船である。

ホメロスが抱いた鉄の認識

『イリアス』や『オデュッセイア』にはしばしば金属が登場する。両書を松平千秋先生の訳書を中心に呉茂一先生の訳も参照して、金属の中でもとくに鉄に関係した部分を摘出しながら、技術史的な考察を加えてみたい。

両書に表れてくる金属は、青銅・金・銀・錫の順であり、武具類など大部分のものは青銅製のものであって、鉄製が表れてくるのは二、三パーセントにすぎない。鎧兜も剣や槍もそして戦車と呼ばれている車両の部材も、いずれも青銅が主体である。鉄製品については順次列記するが、隕鉄と特記されているものはすでになく、青銅が主体のように見えるが、通読すれば人間によって作られた鉄の時代に入っていたことが判る。

総帥《すい》のアガメムノンの出立《いでたち》にしても光輝く青銅の鎧を着け、手には鍛冶神へパイストス（英語ではバルカン）が造ったという、杖と書かれた武器兼指揮棒を持っている。これは権威の象徴であり、鉄が使われていたとしたならば、日本でならさしずめ桜井茶臼山古墳から出土した鉄芯玉杖のようなものになろう。

少し専門的になるが鉄塊の材質に触れ、銑鉄としている箇所が『イリアス』の第二三歌にある。「ペレウスの子は炉で溶かしただけの銑鉄の塊りを場に置いた。これは以前、剛力エエティオン（アンドレマケの父）が常に投げていたものであったが、……アキレウス（テーベ王）が彼を殺して……船で持ち帰ったもの」とあり、このエエティオンはミシュア地方のプラコス山麓の町テペ（現テーベ）の王であった。この部分は別の訳書では坩堝炉で熔かした鉄塊となっている。

紀元前一〇〇〇年より前はもちろん、ホメロスが詩編を推敲していた前八〇〇年頃でも、このギリシャ・トルコ辺りではまだ技術的に銑鉄の熔製は無理であり、還元鉄段階の技術水準であったものと思われる。したがってここで言う鉄塊は、成形加工してないという意味であり、砲丸投げのルーツのようなことに使われているが、イラクのコルサバードにあるサルゴン二世王の遺跡から出土した鰹節形の中で、やや丸い形状の鍛造半製品のようなものと解することが最も妥当であろう。ただしここで坩堝炉を使用したとするのは、青銅でも銑鉄でもないので設備面から見ると一抹の疑問がある。

この数行後にアキレウスの言葉として、「鉄に不自由して町へ出掛けることは要らず、この鉄塊で十分間に合うからだ」とあるが、量の点はとにかくとして、この地の牧夫・農夫が使う鍬や鎌など農工用具なら、中国のような鋳造品ではなく鍛造による鉄器と思われるから、この鉄塊を火造りすることによって簡単に調達することができる。まさに前記のような、鍛造半製品の性格を持っているものである。なお文中に鍛冶屋という言葉が出てくるが、ここで言う鍛冶屋は現代のそれと異なり、青銅も鉄も兼ねて扱って加工しており、金床の上で熱間・冷間で成形加工の仕事をしていた。

形状よりもこの場合問題はその質にあり、この当時の技術では塊状にしても板状にしても、銑鉄を用いてそうした形のものに鋳造することは、まだできなかった可能性が高い。明らかに還元鉄を半製品のような一定の形に鍛造したものである。取り引きの関係で規定されていたような重量単位のものを、競技のルールに従って、腕力により投擲距離を競ったものであろう。

さらに「人手をかけた」とか「手数をかけた鉄」という表現も、『イリアス』の第六歌・第一一歌に出てくるが、この記述も隕鉄ではなく明らかに人間が鉱石を製錬した人工鉄であることを表現している。そして低い温度で還元して造ったまとまりの悪い粗雑な鉄を、さらに加熱精鍛して鉄滓を絞り出し成形加工していたためで、鋳型に流し込むだけの青銅器のように簡単にはいかなかった。鉄器の製作はこのように工程が複雑なので、消費者側からみた場合こうした表現になっているのであろう。したがって文中にしばしば釜や鼎が出てくるが、こうしたものは青銅か土器であって、仮りに存在したとしても鉄板を鍛伸し接合した細工物であり、鋳鉄製の品ということはまずあり得ないと思う。

なおこの部分では鉄床や鎚・火鋏なども出てくるが、これらはすべて鍛造に使う道具であり、こうした耐久性を必要とする工具類は、鉄で製作（火造り・鍛造）されていた可能性が高い。また青銅と金属名が特記されていない剣や斧などの中には、『イリアス』第二三歌の「菫色の鉄製品（別の訳書では紫色）、両刃の斧一〇個、片刃のもの一〇個」のように、オデュッセウスの観察が正確ならこれらは初歩的な熱処理をされたもので、数少ない貴重な加工品だったのであろう。すでに実用化されはじめていたことが推理できる記述である。

ヘパイストスがアキレウスの武具を造る様子を表現した『イリアス』の第一八歌では、「鞴は火から離して置き」とあり、その五〇行ほど後にこの部分の重複記載ではないかと思うが、「鞴（吹子）の方に向かって行き、それを火に向けて仕事にかからせる。数は皆で二〇個の鞴は坩堝《るつぼ》に吹き付け、時に応じてさまざまに力を変えて然るべき風を送る、ある時は懸命に働く神を助けるように、またある時はヘパイストスの意に従って仕事を仕上げるように」とある。羽口を被加熱物に向ける様子などを書いていて、鞴の使用は具体的に判るが、小さな皿吹子だったとしても二〇台というのは多すぎる。簡単な合わせ湯で幾分大形の青銅鋳物を造っている情景であろう。

したがってそこで加工されているものは、硬い青銅に錫または高価な銀などであり、鉄を加工していたことは窺うことができない。現場を知らないから話がまぜこぜになってしまっている。もっとも理論的にはこの技術を応用して加炭剤を添加して強熱にすれば、坩堝の中で造ると言うにはほど遠いにしても、部分的に極く少量の銑鉄ができないことはなかったであろう。なお、ここに出てきた工匠のヘパイストスが醜い足萎えとされているのは、日本の山神・妖怪一本だたらと結びつくので注目される。

幻影、ヒッサルリクの丘

アッシリア軍の戦闘場面を描いたレリーフなどを見ても想像できるが、この当時の戦場では武具が全軍に行き渡っていなかった。多くのレリーフはその製作目的からして、武器や武具が充実していたかのように、勇壮な場面ばかりで構成されている。しかし実態はそうではなかったから戦闘中でも終了後も、勝者はもっぱら戦死者のつけている武具漁《あさ》りをするのが常であった。

そこには、金属製品の乏しく高価な時代であり、将兵が豪華でより良いものを形振《なりふ》りかまわずに求めていた、武具に執着する素朴な心理が如実に現れている。こうした状況から『イリアス』に記載されている場面は、取る者も取られる者も将軍クラスであるが、とにかく「武具を剥ぎ取る」「具足を剥ぐ」「物の具を剥ぐ」などとしばしば書かれている。将兵の動員数と武具調達の関係は極めてアンバランスであった。第一四歌に「全軍を見回して武具を交換させる。優れた者は優れた武具を身につけ、劣った者には劣った武具を渡す」と。言い換えれば、強い者は良い武具を持て、弱い奴は棍棒竹槍くらいでたくさんだ、武具など必要ない、と言うことであって、このような状況が偽りのない姿であろう。

この第二三歌にパトロクロス（アキレウスの従者）の戦場における葬儀で、兵士の消沈した士気を鼓舞するため、アキレウスが戦車競技を企画し、戦車を駆り速力を競わせ優勝した戦士たちには、第一位の者には手芸の心得のある美女と二二メトロン炊きの三脚釜（脚だけは鉄製であろう）、以下数々の賞品を準備し与えている。この賞品の中に灰色の鉄の什器（前出菫色の鉄と対比し熱処理してない鉄か。他の訳書では灰色の鉄）が出てくるが、これがどのクラスの賞として与えられたものかは記載がない。この鉄製品は文章から推して武器ではなく、鋳鉄製の釜や鍋などでもないとすると、おそらく日常使われる鎌か鍬先、小刀といったものではなかろうか。上位の賞品の中に書かれていないということは、小さな鉄器であって貴重品なりに上流の階層では、すでに手の届くところにきていた物の証拠でもあろう。

ここで美文調の詩編の文章に酔って思いをめぐらせば、トルコ石の色と紛う蒼穹《そうきゅう》の下、地上には照りつけるような強い太陽の光線、わずかな緑の雑草や灌木も水気が涸れて生気に乏しい。そうした雰囲気の中に立ったギリシャ軍の将メネラオスが、連れ去られた美貌の妃ヘレネの安否を思いめぐらし、ふつふつと湧き上がってくる情念に苛《さいな》まれながら、青銅の鎧に身を固め大身の槍をとって城を見上げている。著者にはそんな姿が蜃気楼のように眼前に見えてくる。戦闘の発端となった王妃奪回という目的は、スパルタ王である自分の側にあったにしても、長い歳月の経過はその意味を薄れさせてしまい、時には彼の心の中に残忍非情な戦さに対する、無常感のようなものが湧き上がっていたことであろう。

いま著者が立っている、東から西へと南側を大きく取り込んだ城壁の跡。戦闘があった年代に相当す

観光用のこの木馬は巨大に過ぎ、城門突破に使うのには、この２分の１ぐらいの大きさのもので、中に入った兵士も10人ぐらいが限度であろう。

漫画『トルコの伝説』の表紙　木馬（イデー山の松の木で造られたと伝えられている）の中から「おいトロイァの連中は勝ったつもりらしいぞ」（同国発刊）

るといわれる前面の崩れた石積みは、考古学の成果で第六市末期のものとされているが、前記のような思いを抱いたメネラオスが、接近して見上げていたのは一体どの辺りだったのであろうか。観光用に設けられた大きな木馬は松樹から抜け出て、高さ一二・五メートルの大きな姿をひっそりと佇《たたず》ませている。しかし城内に兵士が突入していったときの勇壮な状況も、阿鼻《あび》叫喚《きょうかん》の修羅場も見ていたかのような雰囲気にもかかわらず、ただ山颪《おろし》の音だけで巨大な木馬は黙して何も語ってはくれない。

このヒッサルリクの丘に立った著者の足元からは、渚までわずかに四キロ程度、迂回しても六・五キロ、そのうえ海抜も三〇～四〇メートルという、城から討って出るには手頃の地形である。海辺は呼べば答える指呼の距離である。

海側から攻めるには難攻不落のトロイァ城跡（辻奥大樹氏撮影）
（前方はダーダネルス海峡に浮かぶ島々。手前は棉畑の続くシモイスの地）

北流するスカマンデルス河の流れも、今は当時と変わって二〇〇メートルほど移動しているという。前方は棉花栽培の畑が続き、傍らは荒れ果てた原野で、枯れた雑草が白い小花を侘《わび》しく残していた。

展望できる眼前の辺りが激闘を繰り返したという、兵どもの夢の跡であろう。竜攘虎搏《りゅうじょうこはく》、喚声と白刃の閃《ひらめ》き、トロイァ軍のアカイア陣営への薄暮の逆襲。そんな生々しい情景をつい脳裏に描いてしまう。いつしか黄金色に輝く西日はエーゲ海の波間に近づき、残光は挽歌を奏でるかのように、何時までも消えなずんでいた。

さてこの遺跡でシュリーマンが発掘した鉄器は、『鉄の歴史』によると目釘孔に錆び釘の遺存していた、吊り下げ用の鉄環のついたナイフであるが、発見された層位は大分古い第四層に属するものである。しかし報告書では、これを第七層にと年代修正している。その理由は奇妙な考え方であるが、本来はもっと上層部にあったはずのもので、「鉄は重いのでこの深さまで沈下したのだろう」と無理な想像をめぐらしている。

このトロイァ遺跡出土のナイフの年代推定については、多分ミュケナイでの発掘経験が先入観となって、強く影響しているのであろう。その結果がこのように辻褄合わせのような推論を生み出したものと思われる。その後ギリシャでの鉄製品の発見例が、前五〜四世紀のウェルギナ第二墳墓出土のフィリッポス二世の鉄鎧とか、シンドス墳墓群からの副葬用鉄製品など次々と増加しているので、それらと考え合わせた検証が望ましい。こうした点から後述するように、トロイァをはじめとする、周辺も含めての継続調査が期待されるところである。それにしてもこの辺りで、ほかに全く鉄製品はなかったのであろうか。

トロイァ遺跡第4の層出土の鉄製ナイフ(鉾先飾り?)。**これを第7の層のものと憶測して記述している**(ベック『鉄の歴史』ギリシャの項による)

長辺二〇〇メートルほどの半円形をした発掘部分で、トロイァ戦争の遺構は第六市の末期から第七市の初頭あたりと推定されているが、それならば紀元前一二〇〇〜一〇〇〇年頃に相当し、ヒッタイトが鉄の生産管理を厳重にしていたとは言うものの、すでに西方海上から海の民が侵入しはじめた時期に該当している。こうした時代であるから、当然周辺の国々も初期鉄器時代に入っていたはずである。ヒッタイト圏での鉄生産が推定以上に乏しく、ごく少量の放出であったにしても裏取り引きもなくはなかったであろう。喉から手の出るように欲しい小鉄剣など贈賄してでも購入したであろう。また地域によっては勢力の突出したところもあり、長い期間には幾らかの購入蓄積はできていたものと思われる。

〈アムートウとは何か〉

トルコ考古学会でアムートウと称している金属は、紀元前十九〜十八世紀に属するキュルテペ一B層、二層だけからのみ出土しているものを指し、数少ない鉄の出土品を限定的に指している。

この金属についてはトルコのアッシリア学者やシュメール学者の大半の人々が、金属鉄を意味するものとしており、先年来日され（平成十年春）、中近東文化センターでキュルテペ遺跡についての講演をされた、同遺跡の発掘責任者であるタフスィン・オズギュッチ教授も、ここの出土鉄器についてアムートウの呼称で説明をしておられた。

『狭い谷、黒い山』の著者ツェーラムは、アッシリア植民時代の、鉄と推定されている金属「アムートウ」を鉄だと考えており、しかもどちらかと言うと人工鉄として捉えている。そしてこの金属製品はまだ技術が低水準であったところから、最高級の贅沢品であったとし、武器に加工されても装飾用にすぎず、軟らかかったという意味なのか、実戦用のものとしては役立たなかったと考えている。

紀元前一六〇〇年頃には、ヒッタイトが鉄を独占的に管理していたと考えているので、青銅から鉄への過渡期の僅少な金属として、そのように考えたのであろう。しかし製錬技術の発展過程から考えると、それを二百〜三百年前に遡らせて武器素材に結び付けるのは少し無理ではなかろうか。同氏も本格的な鉄器時代は「海の民」の侵入によってもたらされたものと推定している。この点についてはヒッタイト帝国崩壊による製鉄機密の拡散よりも、かなりの普遍性があるものと思われる。だが、まだ解明されていないフルリやミタンニ民族の技術を当該地付近の小国家や民族が、密かに継承し利用していたことも考えられなくはない。

ホルスト・グレンゲル著の『古代オリエント商人の世界』（江上波夫・五味亨両先生訳）によれば、

古アッシリア時代にアナトリアの領主たちが売った、禁輸品であった隕鉄の取り引きに関連して、拘束される危険性を注意した手紙が遺存しており、その密輸を行なった商人の居住地がティミルキャと書かれている。この地名もトルコ語で鉄の意味を持っている。

人工の鉄ではなく、研磨するとウイドマンステッテン構造の光輝く鉄。これこそ当時の超新金属アムートゥであろうと著者は考えている。

〈トルコのごく古い鉄器〉

世界最古の鉄はヒッタイトからと喧伝されて久しいが、前述したように近年はミタンニやそれに先行するフルリの技術が注目されている（首都ワシュガンニの位置は不明とされているが『旧約新約聖書大事典』ではハランの東約九〇キロ）。しかし鉄器が使われてもそれが少数の出土例では、年代的に隕鉄の時代か人工鉄のそれかを、截然とは線引きし難い恨みが出てくる。有名なアラジャ・ホユクの鉄剣にしても、それ自体を分析したわけではなく、剣が出土した層の前後の層から出た鉄器が、ニッケルを含んでいたのでそれと推定されているわけである。一方粘土板に記載されたものでは、前十八世紀にヒッタイトのアニッタシュ王が出陣のおり、ブルシュシャンダシュの王が鉄製の冠と笏を献上したと、ヨハネス・レーマンの著書『ヒッタイト人』に書かれている。この材質も年代や地理的条件を勘案すると難しいところである。

ギリシャ神話にみるイデー山

古代の環エーゲ海諸島の人々（西トルコ沿海部を含めて）が抱いた金属への憧憬と、その中でも鉄を求めての流離の旅について、ほのかながらギリシャ神話は断片を残している。神話にしても詩編にしても、古代ギリシャ人のこの地域に対する地理的認識は、海上交通の発達を反映してほぼ誤りのないものと思われるが、武備などについては水準以上のものが描写されており、かなり実態とは異なって誇張が加わっているものと思われる。吟遊詩人の口承に次々と格好よくする補充があったことも想像できる。

ホメロスが歌った紀元前八〇〇年頃という時代は、この戦乱より三〇〇〜四〇〇年ほど後のことで、各種物質文化の飛躍的な生産開始期・転換期であり、鉄器についても伝播普及の行なわれた時期に当たっていたと言えよう。

こうした前提でトロイァ南方のコジャカトラン山脈にあるイデー山（一七六七メートル）の神秘を探ってみよう。このイデー山という呼称はどのように移り変わり、製鉄とどのように関連しているのであろうか。まずイデーという名の山にはもう一つクレタ島中央部に聳えているイデー山（クノッソス西南、二四五六メートル)、つまりイデ山がある。神話としてはクレタ王メリッセウスの娘の名から付けられたと言われている。また彼女はゼウスの育ての親ともなっている。ゼウスは残忍な父クロノスから逃れ、この山の森の中で成長したのである。重複なのかこの話と似た筋書は、雌雄同体であり少し猥褻で脱線になるが、アプロディーテの息子ヘルマプロディートスの話にも出てくる。

さらにプリュギア(前出トルコ西部)のイデー山の森の中に、ダクテュロスと呼ばれた三人の魔法使い(山の精)が住んでいて、彼らはヘパイストスの技術(冶金)を駆使して鉄の製錬をしていた。そして子孫が増えるとプリュギアからクレタ島へと移住し、この同名の山中に工房を設けて、住民に鉄の製錬法と鍛造による加工方法を教えたという。クレタ島は西部に鉄鉱石の産出が多い。技術の伝播の話も悠遠の古代となると、伝承を補綴し続けてできあがったものだけに、流伝のコースが錯綜していて何とも複雑である。

よく鍛冶の祖と言われる前出のヘパイストスは、オリンポスの山上にあった鍛冶場だけでなく、キクラデス群島のナクソス島でも修業したと言われている。また、シチリア島のリバリ諸島(エトナ火山と結ばれている)にも移っている。さらにリムノス島にも、ヘパイストスの息子とされるカベイロスが住んでおり、地下の工房で鍛冶の作業をしていたと言う。

星座にその名を残すボイオリテア(中央ギリシャ・アッチカ北方)の美貌の狩人とされる巨人オーリィオンも、神話であるがイズミルの対岸にあるキオス島から追放され、酒神ディオニュソスに目をくり抜

石灰岩の山肌に生えたトールス山脈の樹木

かれてしまい、視力の回復を期すと同時に迫害からも逃れてリムノス島へ、そしてエーゲ海を南下し、イデ山のあるクレタ島へと放浪の旅を続けた。キクロプス伝説と発生の前後を争うような話であるが、それらの行った先々の地の鉄鉱資源とあわせ考えると、製鉄適地を求めての漂泊の旅ではなかったかと推測することができる。

さてこのホメロスの詩編では、トロイァが落城するのを遥か彼方から見守っていたであろう、イデー山について次のように歌っている。

「山襞多く風強きイデーの峰には、おぬしより良い実をつける松がある。やがてこの地にケブレニアの民（ギリシャ南西部の島民）が移り住む時、戦さの神の鉄が、地上に住む人間どもに与えられよう」

八〇字に満たないこの詩は、当時の鉄に対する認識をいろいろと語ってくれている。ここで良い実をつける松というのは、熱効率が良い冶金に適している、原生の樹脂分に富んだ太い松の木を指しているのであろう。訳書では唐檜であるが、日本の内地では地方によって俗にえぞ松などと呼んでいる木である。

奇妙なことにそれらの樹々は、あたかも吹き降ろす風に靡かせられたかのように斜めに生えている。この付近特有のダーダネルス海峡を越えて吹き付ける、ギリシャ語でボアあるいはボレアスと呼ばれる季節風の影響と見受けられる。もちろんこの辺りは乾燥地のため、それに伴う黄塵もはなはだしい状況である。このような、ときには風速五〇メートルにも達する烈風が容赦なく当たる場所は、古代の素朴な技法で還元製鉄を実施する場所には、風量の半分程度のものを有効に活用したとしても、自然通風炉の設置を考えると最適の地だったであろう。

ところ変わって東トルコのポントス地方でも、南部中央のトールス山脈でも、古く製鉄が行なわれた地域にはこのような松の木の群生が見られる。そして地盤は石灰岩の場所が多い。チャリブス族の住んだトラブゾン市の南方山間部なども、植生の状態はその典型的なものであった。

またトロイァの北東側チャナッカレ市の臨海部でも鉄鉱石は産出しているものの、この詩の文面からはそのような手近なところはあてにしておらず、生産地としてはギリシャからの移住民が造った新ケフレニアの名が浮かび上がってくる。この地名からはすぐにシュリーマンが調査した、イオニア諸島で最大の島ケファロニア島が思い付く。もしここの住民の移住だとすれば、イタリアに近い西ギリシャの島《とう》嶼《しょ》からの移住である。ここにはミケーネ時代の墓があり、すでに前二十世紀頃からギリシャ文化の洗礼を受けている。したがってもう少し後のことになるが、鉄についても一頭地抜きんでていたはずの人々である。

トロイァの西北臨海部にあったキュメの町には、ギリシャ各地から人々が集まってきており、その一部の者が鉄鉱石の出るところから、ケブレニアと呼んだ集落に入植したものと思われる。

そう考えると西トルコのそこに住んだというキュメ人が、多分同族であって製鉄の技術を知っていたのであろう。地名から考えるとそこはスカマンドロス河の源流に近い、Evciler の町辺りなのではなかろうか。

いずれにしてもこの時代までおもに刀・槍など武器用に向けられていた鉄が、生産増加の恩恵と考えて良いであろうが、神から人への移譲の形で刀剣中心から農工の用具類として、つまり王侯から庶民へと活用されるようになったことが物語られている。

イデー山は国道から遠く望むと平凡な山容を呈しているが、その谷間のどこかに前出の製鉄民族ダクテュロスが住んでいたであろうと解釈されている。なおこの民族はクレーテスとも呼ばれ、前記とは逆にクレタ島の出身とも言われている。さらにその前身はフェニキアからの渡来民族であったという伝承も残っている。こうした点を勘案すると、いずれにしてもエーゲ海と小アジアとの密接な交流、そして往時の鉄冶金技術伝播のありようが髣髴《ほうふつ》としてくる。

補注　トロイア南部の山はイデー山、クレタ島の山はイデ山に統一した。

トロイァ・ハットゥサの鉄文化に関する整合性

以上のように調査したが、このトロイァ遺跡とハットゥサ（ボアズカーレ）にあるヒッタイト遺跡との間で、著者は鉄器文化について整合性の点で、どうしても納得できない疑問に逢着した。それは両者の間が直線距離にして八〇〇キロにすぎず、またすでに（紀元前一六〇〇頃）ムルシリシュ一世はバビロンに侵攻しており、さらに古くは古アッシリアの隊商のカネシュ（キュルテペ）などへの組織的派遣もあった。このような交易は一説にはシュメール期には始まっていたともいわれている。

そう考えてくるとどうみても、当時でも原始的なりにかなり道路が整備されていたのであろう。とすれば経済の点からみて、西側に対してもギリシャをはじめとする地中海文物の獲得のために、同様程度かあるいはそれ以下の水準としても、とにかく交通路は存在していたはずである。後世（紀元前六〜五世紀頃）ペルシャの戦略道路として名高い、スーサからサルデスへの二四〇〇キロにわたる王の道も、こうしたものが徐々に整備され再構築されたものであろう。

これらは取りもなおさず小アジア地域内での、ハットゥサを中心とした東西の交通が可能であったことを意味し、当然鉄器文化の伝播があったものと推定できるのではなかろうか。禁輸物資あるいは戦略物資として、移動が抑圧されていたにしても、高付加価値の密輸品や国際的な政治取り引きが少しはあったであろう。西や東南側の海上からは、海の民の集団がジリジリと迫ってきている。もうイオニアの一部などでは侵入が始まっていたであろう。そうした風雲ただならぬ時期である。したがってこうした情勢下で、戦略物資の鉄の荷動きが全くなかったとは言い切れないはずである。

それにもかかわらず、片やヒッタイトは鉄を保有して強大国となっているのに、一方のトロイァはまだ青銅器時代を抜け切れておらず、『オデュッセイア』や『イリアス』の表現にみられるような不足がちな戦闘用具の素材に、ほとんど鉄が使われていないのは不可解なことである。

推測されているトロイァでのこの戦いは、あたかも青銅製と鉄製の武器素材の転換期であり、ハットウサより三百年から四百年後の時代なのであるが、ホメロスが古代を生き生きと語るために、神に準ずる人々は鉄器を使わなかったと、故意に年代を青銅文化の時期に設定したものではなかろうか。しかしそれにしても両遺跡の推定年代からすると、世界的な碩学の偉大な研究成果なのであるが、そこに大きな矛盾点があるように思えてくる。素人考えを言えば、旧スカマンドロス河の川口辺りを掘ったなら、ホメロスが両軍乱戦の場所と書いているから、折れた鉄剣とか青銅や鉄の鏃など、大部分が戦場掃除（戦死者からの武具の回収）で持ち去られたにしても、当時の金属文化の水準を示す遺物が幾らかは出てくると思われるのだが？　また、地理的にみて小アジアのハットウサとトロイァの中間地点にある、カマン・カレホユクの発掘研究が中近東文化センター（現地責任者大村幸弘氏）によって進展しているので、鉄器文化普及期とその前後を取り込んでいる時期の大遺跡であるから、将来、紀元前の千年間近いいわゆる暗黒期の実態が判然とし、この整合性についての疑問も解明されてくるであろうと思っている。

なお、ベックは『鉄の歴史』第一巻ギリシャの項で、トロイァの木馬は鉄で造った戦争機械だと述べている。しかしこれは、当時すでに鉄が安価な金属となっていて、広く普及していたという前提のうえに、もう少し年代の後のペルシャ戦争時代やローマとの攻防戦などで使われた、攻城機や投石機からの連想が加わったものであろう。北イラクのパルティア時代からササン朝初期にかけての遺跡〝ハトラ〟で出土したこの種のものにしても、隅金や当金が青銅で、大部分は木製、そのうえ布で包んで油を染ませた石弾使用である。ちょっと思い込みすぎているのではなかろうか。

『オデュッセイア』『イリアス』から推論される空想的な戦闘について、トルコの人はどのように考えているかを現地で聞いてみた。すると概略次のような答えであった。

このときに戦ったトロイァの敵は、ギリシャではなくアカイア（アカイオ）であって、ペロポネソス半島北西部にあり、多数の都市国家の連合体（現在パトラスが中心都市、南へ四〇キロでオリンピア）の者たちである。しかしこの国は紀元前十四から十三世紀頃には存在しており、かなり早くから移住していた。その民族の何度目かの侵攻軍であって？　換言すればアカイアンとトロージャンの覇権争いである（しかし、ホメロスもテッサリアの住民を指しており、古代ギリシャ人の一派と考えられる。なぜアカイアに固執するのか日本人には疑問であるが、ギリシャ、トルコ両国の国際関係によるものであろうか)。

最初で唯一の記載はボアズカーレで発見された、ヒッタイトの楔形文字の碑文に始まっている。詳細な経緯を書き残したと推定されている、ホメロスの『イリアス』などは戦争が終了して五百年以上も経って書かれたものである。リアルな表現といっても詩文であり、歴史的なものではない。したがって、ここに登場してくるプリンセス＝ヘレネ(スパルタ王妃)や、プリンス＝パリス(トロイァ第二王子)等々の行動は、後にこの地域に伝わっていた民話をホメロスが採り上げて、文中に潤色のため挿入したものと考えられている。

紀元前十四から十三世紀の終わり頃には、小アジアではヒッタイトが強大な勢力を誇っていた。そのため侵入してきたアカイア勢たちは、東方へ進むことが非常に困難であったので、正面衝突を避けてアナトリア南部へと迂回し、南側の通行権を確保しようと画策した。このための第一の障壁がこのトロイァであり、その攻防がトロイァ戦争の政治的理由だったと推理している。年代は少し遡るが考えられなくはない。この点についてはアリフ・ミューフット・マンセル博士が、一九六三年にアンカラで発刊した『エーゲ海とギリシャの歴史』に詳しい。

トルコ人は国際関係に細かい配慮をしているのか、この問題については部分修正的な考え方をしているようである。

〈強きもの硬きもの、その名は鉄〉

鉄という言葉が記載されていても鉄製品を指すのではなく、強さ硬さを比喩的に表現している事例が少なくない。例えば『イリアス』の第四歌には「アルゴス（ギリシャ）人と言えどもその身は石でも鉄でもない」とあり、第一七歌では「凄まじい鉄の響きは、不毛の高天を貫いて」とあって、鉄と鉄とが打ち合う剣戟の音を形容している。さらに第二二歌でも、二十年ぶりに帰国したオデュッセウスに対し、冷たくあしらう妃のペネロペイアを「この女の心は鉄でできている」と期待に反した冷たい女心を鉄に擬して表現している。そして第二三歌では「鉄の如く弭《たゆ》むことなき火を放って火勢を煽り」とある。古代から文章の表現に際して、強固・強烈な意味を表す形容詞としてしばしば使用されている。鉄を熟知していたからこその文章表現である。人名に多く使用されているのもこの点からであろう。

一歩進んでいた島々の製鉄

古代ギリシャに鉄で影響を与えた民族は、西南トルコのロードス島対岸付近からフェトヒイエ辺りにかけて蟠踞していた、カリア人（セム系）と言われている。後にペルシャの西進にともなって統治下に入ったものであるが、すでにミタンニの製鉄技術を、トールス山脈地帯を経由して理解していたものか、あるいはフェニキア北部から導入したものか、とにかく原始的な鉄器文化を持っていたと言われている。そしてエーゲ海の島々に上陸して勢力を張り、好戦的な気風であったところから、周囲の民族からは「海の盗賊」と呼ばれていたともいう。

こう見てくるとこの民族は「海の民」と呼ばれ、ヒッタイト帝国を滅亡に追い込んだ民族集団の一派と想像することができる。かってこれらの民族が小アジアの地を捨ててエーゲ海へ分散していったことを考え合わせると、それは異境から故国へ独立を狙ってのUターンであったと考えることも、あながち荒唐無稽《こうとうむけい》な着想ではないかもしれない。

このエーゲ海に点在しているミレトスの南二〇〇キロのロードス島をはじめ、トロイァの西八〇キロメートルのリムノス島やトロイァの北西八〇キロメートルのサモトラキ島などに、一眼の鍛冶神キュクロプスの伝説が残っていることは、少なくともこれらの島々が古くから、製鉄の稼行場所であったことを物語っているものである。神話そのものは創造され長い年月を伝承されてくる過程で、いろいろと新しい話が付加されてきたものにしても、そうした信仰なり伝承なりが絶えることなく継続してきたということは、地域職業集団が語部《かたりべ》的な役割を果たしていたからである。

ギリシャ古典で鉄について最古の記述をした人物と目されている、テオフラトス（紀元前三七二〜二八八頃）がトロイァの南一〇〇キロにあるレスボス島で生まれているということも、俗伝の承継者として付け加えておいてよさそうである。

『イリアス』第一一歌にアガメムノンが、キプロス島の王キニュレスから贈られた鎧と楯について述べている場面があるが、その鎧には青黒い琺瑯《ほうろう》の線条が一〇本と、同じく琺瑯の蛇六匹が取り付けられており、楯の中央にある臍《へそ》（突起金具）は黒味を帯びた琺瑯製のものもあると要旨はなっているが、別の訳では鋼の線条とか鋼の藍色であったと書かれている。

いずれにしても、琺瑯の場合の下地は鋼でもよいが、現代では若干低炭素のものの方が絞り加工に適し、さらに焼付性が良いとされている。またこの場合はむしろ鎧本体が青銅であって、鋼・金・錫の象眼細工が施されていたことを思わせる。楯は両訳とも明らかに銅線（条）で縁取《ふちど》りされた革の重ね張りのものである。

ベックは大著『鉄の歴史』で、『ギリシャ案内記』あたりからの引用であろうが、ギリシャのコリンティアコス湾北岸側にあるデルフィの神託地としての神殿に、紀元前六〇〇年頃リュディア王によって奉献された銀の混酒器（アルコール分の高い葡萄酒を薄めるための器具）とその鉄製の台との接合について、「キオス島のグラウコス（リュキア軍の将）の作品で、彼は鉄の鑞《ろう》付けを全人類の中で、ただ一人発明したのである」との記述を援用して、その加工が鑞によるものであることを力説している。しかしこれは誤解で鑞付けではなく、台脚の鍛接を指すものである。鍛接についてはヘロドトスの『歴史』リュディア滅亡の部分にも、ギリシャの地誌学者・パウサニアス（一一五頃〜?）の『ギリシャ案内記』にも出てくる。

この記述は銀の混酒器とその置台であって、両者が結合して一体となっているものではない。安定の点から器具（大盃か壺のようなもの）に台を取り付けるなら、むしろその場合は台の部分の組み立てを指すものであろう。また台に獣脚を取り付けるなら鑞を使用するのではなく、別鋳して嵌め込めば十分である。なお鉄の成形の場合に低温還元で造られた昔の鉄は、鍛接性が極めて良いものであったこと（日本でも大正年代頃までは鍛接に酸化防止剤を使わなかった）が、今日では関係者間でも案外忘れ去られてしまっている。

これらの点はひとまず措くとしても、このような伝承はこの島嶼部での製鉄や加工の技術が、資源と人材から想像しても当時突出していたであろうことを、伝説なりによく物語っているものである。

〈トルコの諺「釘は抜けても」〉

トルコを回っていて、釘に関連した面白い諺のあることを発見した。非常に哲学的な含蓄があり、どのような経緯でこうした諺が使われるようになったのか、トルコ人でなければ理解できない深い意味があるのであろう。私には小さな鉄製品の釘が人生の機微《きび》を語っているように見えたので、親友のエスキシュヒール博物館長をしている、メルメルチ・ドウ氏にアンカラ市の自宅で聞いてみた。

以下はその教示に自己流の日本人的随感を付け加えてまとめたものである。

Çivi çıkar ama yeri kalır

これはçiviが釘であるから、直訳すれば「釘は抜けても跡が残ってしまう」ということになろう。今日では、洪水は去ったけれども砂が残るとか、日常生活に釘から離れて比喩的に使われていて、複雑な人間心理の微妙な綾を現しているという。「心の傷は癒えたかに見えてもその痛手を忘れることはできない」、という含みである。となると、昭和三十年代に放送され女湯が空になったと騒がれた、菊田一夫の名作『君の名は』の一節、東京都有楽町の数寄屋橋の袂にあった春樹と真知子の碑、「数寄屋橋ここにありき」の〝忘却とは忘れ去ることなり、忘れ得ずして忘却を誓う心の悲しさよ〟の字句が思い出され、この詩のルーツが古代のトルコではないにしても、人間の想うことは国が変わっても皆同じだなーと痛感した。

容貌も風土も異なるトルコの昔の人々の中にも、かっての忘れ得ぬ想いを忘れようとして苦しんだ、人間らしい心の痛みを知った人があったであろうことを、釘の傷跡に譬え形容こそ違っているが、暗喩《あんゆ》的にこの諺は物語っているのではなかろうか。

釘の登場する諺で、もう一つある。

Çivi civiyi söker

直訳では「釘が釘を抜く」ということで、毒には毒をもってという意味になろう。これも現在トルコ人的発想では、「常に相手より優れた道具や武器を必要とする」となってくる。競争社会では同じものを持っていたのではだめで、相手を負かすだけの優れた強力なものを持たなくてはいけないからだ。まさか遡ったこの時代に、ITなどのことではもちろんなかろう。現在の平和ボケした日本では適当でない諺なのかもしれない。

釘は古くは鉄製以外に金でも銀でもあった。もちろん青銅製はそれら以上に多量に使われた。だがこれらの諺が人口に膾炙《かいしゃ》されたことを前提に考えれば、鉄の広範な普及期に入り、鍛造した釘が使われだしてからのものであろう。

補注　トルコ西端の臨海部は何カ所もの古代遺跡だけでなく、ボルドゥム付近の海底（後期青銅期以降）などの沈船が物語っているように、立地的に見ても文化の先進性が判る、海上交易の富で殷賑を極めた古代文明の突出地域であった。また島嶼部からは学者の輩出が続き、本書にもしばしば引用した名著『歴史』の著者ヘロドトスをはじめとして、サモス島出身で数学者ピタゴラス（紀元前六世紀、生没不詳）、エフェソス生まれで哲学者のヘラクレイトス（紀元前五〇〇年前後）、ミレトス生まれの予言者ターレス（紀元前五八〇年頃）、そして医学の分野ではコス島生まれで医学の大成者ヒポクラテス（紀元前四六〇〜?）などの偉人・賢人があげられる。

神話にみる鉄加工の技術

ホメロスの時代にはすでに鋼を焼き入れして使うことが知られていたのは、『オデュッセイア』の第九歌で、鍛冶神キュクロプスが一つ目になった由来を記した後半の部分で具体的に知られている。キュクロプスに捕まったオデュッセウスたちが、その目を潰して逃げたという話で、それは「あたかも鍛冶屋が大斧かまたは手斧を、硬さを増すために凄まじい音を立てて冷水に浸す時のよう（鉄はこうして硬く鍛えられるのだが）あたかもそのようにキュクロプスの目は、（突き立てた）オリーヴの丸太のまわりでシュッシュッと音をたてた」とあって、すでに熱処理の具体的な知識が知れていたことをほのかに物語っている（キュクロプスは複数の神を表しており、そのうちの一人、巨人ポリッペモスのこととしても記載されている）。

このキュクロプス伝説にみる焼き入れ技術の存在に対して、出土するはずの刀剣など鉄製武具のあまりの乏しさは、辻褄が合わず大きな疑問を投げかける。焼き戻しができなくてはじめは日常器具のみの適用で、刀剣などにはまだ応用できなかったことに基づくものであろうか。さらに発見例の少ないことは、こうした部分の記述が後年の補筆であることを暗に物語っているのではなかろうか。

近代の金属学の標準的な鉄の炭素含有量でみて、純鉄の場合は〇パーセントから〇・〇四パーセント、それを越えたものは鋼である（銑鉄はさらに増え一・七パーセント以上、通常は三・五パーセント前後）。極低炭素の場合は焼きが入らないから、こうした古代にすでに炭素を含ませて鋼を生産していたとか、品種基準を知っていたといわれている。しかし原始的な炉による還元鉄の製造では、原料・自然条件、加えて伝承された技術の優劣などによって、できた鉄の質も一様なものではなく大きく変わってくる。炉内の製錬温度にしても燃料や送風技術の関係で、上昇させるには自ずと限界があり、原則として銑鉄が熔製できる段階には至っていなかった。

また鉄鋼が鍛造時（成形加工の過程）において、自然に鍛冶炉内での加熱状態によって浸炭することも少なくない。さらに鍛冶工房内での被加工物取り扱い中に、焼き入れに近いような冷却が偶然生ずることもあろう。これらの現象に伴って長年月の間に低炭素鉄への加炭法を知り、柔らかい鉄に焼き入れをすることができるようになって、その経験の蓄積から切れる鍛造刃物が生まれてきたものと思われる。当然のことながら古代の工人が、金属組織や分析科学の理屈を承知していて、それを応用し高度の加工技術を開発してきたものではない。一〇〇パーセント工人たちが作業中に体験した偶然の発見と、それを勘の力で蓄積・具体化して伝承を次世代へと繋げてきた所産である。

ヘパイストスがゼウスの子で戦神・軍神アレスの武具を製作している場面を、ギリシャのオット・ムーラーが紹介した絵によると、一見楯などの表現は青銅製や鉄板製のものと誤解されやすいが、前述したように皮革の積層張りに青銅で縁取りをしたものである。その絵の右横にある人台に取り付けた形で描かれている鎧は、重要防御部分を青銅あるいは鉄で鍛伸して造っており、外側から革を張って組み立てるようにし、人体への馴染みやすさと軽量化を図っていることが想像できるものである。

なおベックはこの絵の解説で、老職人の被っている帽子に触れ、「ユダヤ人とフェニキア人を特徴付ける帽子」としているが、このトンガリ帽子の型式は紀元前一〇〇〇年前後には、青銅や鉄を加工し金張りしたような王の兜（実戦用ではなく権威の象徴的なものであろう。前出アッシリアの項で説明、エジプトの壁画で王も着用）で、その型式がフェルト製の帽子として普及し、後々はちょっとした職人の親方クラスでも被れるようになったのであろう。彼らは遊牧民族と接触しており、フェルトの細工には習熟していたからである。もっともこの帽子にしても、古くはそれだけでなく、王の被り物であったことも推測される。それはイラン・ビストゥーンの岩壁に彫られた紀元前六世紀のレリーフの姿態にリアルに表現されている。そこで連行される反乱首謀者像のうち、最後に繋がれて行くスキタイ王ないしは王族らしい人物の被り物が、この帽子にリボンを付けたりして幾らか豪華にしたようなものであった。さらに少し年代が下った紀元前五世紀のペルセポリス・アパダナに彫られている、貢献に出向いてきたスキタイ人の姿も、酷寒の野戦での武装に伴うものであるが、防寒を兼ねた同じ型式のものと言えよう。後年になってモンゴル軍が用いた鉄兜も、この胴部にやや膨らみを持たせたようなスタイルである。

鉄鉱原料からみた西トルコ

トルコ西部においては、鉄鉱床の筆頭にあげられている黒海沿岸中央部よりやや西寄りにある、サカリヤの地で産する褐鉄鉱の大鉱床チャムダーを無視することはできない。しかしエーゲ海に面する古代文化と密接な関係にあるイオニアの地域では、以下に述べる三ブロックに分けて多数の鉄鉱山をあげることができる。もっとも前記のサカリヤと言っても、かつてのヒッタイトの首都ハットウサ（ボアズキョイ）の東南東三〇〇キロ近い、ディヴリイなどスィヴァス県からマラティヤ県にかけての稠密な鉄鉱石の分布状態と比較すると劣っており、合計の埋蔵量でみても西部の場合は、前出のチャムダーを含めてもまだ少ない。しかし萌芽期のわずかな古代製鉄に充当させる量としたら、乏しいとはいえ沿岸部だけでも十分すぎる量であったものと想像される。まして、エーゲ海域から製品が運び込まれてくることを計算に加えたならば……。

トロイァやペルガモンで使われた鉄鉱石……チャナックカレ市の近傍メルケズ－クスチャユルでは、小規模であるが赤鉄鉱・褐鉄鉱の産出が知られている。鉄分二六〜四四パーセントで相対的に珪酸分が多い。ただし埋蔵量はあまり多くはない。若干南に移るとバリケシア近傍のハヴラン-エイミルがある。ここも赤鉄鉱と褐鉄鉱であるが、含有鉄分は五五パーセントを越える富鉱であり、埋蔵量も一三四〇万トンとかなり多い。

この山を中心に見て東北側、同区内に七〇〇万トンで含鉄品位の良い磁鉄鉱と赤鉄鉱を産するメルケズ-シャムル、西南側にその半分程度の規模であるが、磁鉄鉱の富鉱を産するアイヴァルック-アヤズマントがある。メルケズ-シャムル以外はいずれも海岸部に近く、製鉄技術を持ったエーゲ海経由の移住民族が上陸したとしたら、早速これらに目を付けるはずである。

トロイァで鉄が用いられはじめたのは萌芽期にしても、ホメロスの叙事詩に歌われたような戦闘が、紀元前一二〇〇〜一一〇〇年頃にあったとすれば、トロイァ籠城戦のために城や砦を工事する鉄製の工具や、武器の鉄剣・鉄鏃などは乏しい数量ながらも使用されていたであろう。ホメロスの時代にそうした実情は知れていたはずであるが、詩編にほとんど書かれていないのはなぜなのであろうか。

また千年近く遅れるが、この南側でヘレニズム文化を謳歌したペルガモン王国（紀元前二六二～一三三）の場合は、海港と鉄鉱山を控えており、当然鉄器資材を調達するのに絶好の場所であったと推測される。

エフェソス・ミレトス付近では……紀元前十世紀から同八世紀頃、つまりフリギアの繁栄した時代は、海岸部はイスタンブールからぐるりと西端はアンタルヤ辺り、そしてキプロス島の過半も、ギリシャ系のドーリア人やアーケア人の占拠していた土地である。その間の地域つまり標記の地帯に移住し、勢力を着々と拡大したのがイオニア人である。またここにはクレタ島をはじめエーゲ海の島々に住んでいた民族も、ギリシャ本土からの圧迫で、時によっては難民同様に新天地を求めて移住してきていたことが推測される。

さらに現在のイスタンブールを経由してなどでの、トラキア人の流入も当然あったことであろう。『アナバシス』では前四世紀のこととして、この付近に彼らが居住していたことを記している。

海流の影響を勘案すればアテネ——ミレトス、クレタ——ロードス辺りを結ぶ線が、その間に介在する大小の島々を中継場所として、常識的な往来路線となろう。とすればこの付近の古代製鉄は、まだ十分には解明されていないが、ミタンニなど東方系統の技術の洗礼を受けた植民工人で、フェニキアをはじめトルコ南側の中部・西部出身の人々が、褐鉄鉱・炭酸鉄鉱などを豊富に産出する、ギリシャの南部や島嶼地帯に、居住して伝えたものと言えるのではなかろうか。いうなれば西へ流出した技術の東への回帰現象であろう。

鉄鉱資源としてはイズミル市南部に、至近の距離でトルバル-ホルトゥナがある。ここは小規模であるが、赤鉄鉱・褐鉄鉱を産出し、品位は五〇パーセントを越え六〇数パーセントといった富鉱である。その南にあるアイドゥン県のショケ-チャヴダルも、小規模だが赤鉄鉱・褐鉄鉱を産し、平均品位で四七〜四八パーセント程度、砒素が〇・一八パーセント前後と微量ながら含まれている。

エーゲ海・西トルコの鉄鉱資源分布図

●古代からの著名都市

⚒主要な鉄鉱石の産地

（エーゲ海の島々は鉄山名でなく主に島名）

またさらに南部のムーラ県西北の臨海部近くにミラスーサカリヤがある。ここは二七〇万トンと中規模で、磁鉄鉱・赤鉄鉱を産しており、品位が四〇〜七〇パーセントとバラッキ幅がある。硫黄の含有量が幾分多い欠点があるものの、選鉱をすれば富鉱として十分に使用できる。この辺りは海港ミレトス市を中心にして、イオニア系の文化が流入した地であり、鉄産普及に大きな影響をもたらしていたはずである。

内陸部での産出状況……ペルガマより東へと二〇〇キロ足らずのキュタヒヤ県の西部にも鉄鉱山が数カ所ある。エメト近郊にチャタック、カラアウル、キュレジの三山が密集してあり、チャタックは銅分を幾らか含む磁鉄鉱と磁硫鉄鉱、カラアウルも磁鉄鉱、キュレジは赤鉄鉱である。四〇キロほど南々西のスィマヴ-カルカンは小規模だが磁鉄鉱の富鉱を産し、この鉱石にはマンガンとチタンが若干含まれている。

西進したペルシャがいち早くエフェソス東北の、かつてはリュディア王国の首都であったサルディスを占拠し、総督を駐留させ統治の拠点としたのも、また王の道二四〇〇キロを整備しその終点としたのも、そもそもの起こりはヒッタイトなどの戦略的役割に端を発したものであろう。それが下ってはペルシャの遠征路として整備拡充され、加えて地中海方面の産物をギリシャ、フェニキア経由で収集していたが、さらに小アジア地域などの産物も混じえて、陸路輸送を効率的にすることが大きな目的になったのであろう。そこには鉄も重要物資として存在していたものと思われる。そのため、かつてのアッシリア植民地街道が延長路線として整備されていったものであり、ここでは東西交通の大動脈として戦時の輸送迅速化に大きな役割を果たしていたものと想像される。

最後に素人の立場で差し出がましいが、このようなトルコ各地の遺跡に見られる推定年代などの乖離は、調査された地域が長年の欧米各国等による発掘競争に起因したもので、それぞれの国家や民族・宗教観に基づいた部分も若干はあるものと思われる。したがって、今後研究に当たってはそれらの整合性といったことにも、十分に配慮してゆく必要性があるのではなかろうか。

〈トールス山脈の鉄資源〉

古代の製鉄技術を持った人々が必要に応じて採掘した小鉱脈は、著しい数に達しているであろう。それらは現代の経済的生産とは全く関係がないため、ほとんど鉱産地図のようなものに記入されておらず、付近の現地人たちですらも忘却してしまっているのが普通である。

南トルコのイチェル県の臨海部にはギュルナルーデデレル鉄山をはじめ、アナムルーメルレッチやシリフケーゲリンプナル鉄山のような、かなり高品位の鉄鉱石を産する鉱山がある。鉱石の種類については、磁鉄鉱・赤鉄鉱・褐鉄鉱、それに炭酸鉄鉱など発表されている。まだほかにもこの山脈および周辺部には、未確認の鉄鉱床が多数あるであろう。この辺りも松系の樹が茂っており、溶媒を使っていたとすれば石灰岩が多いので、石灰石の入手も楽だったであろう。著者の回ったエイルディールやコワダ湖付近などいずれもそうした環境条件であった。

なお鉄産が非常に豊富であったことは、この付近にトルコ語の鉄にちなむ地名が多いことからも想像でき、アンタリア市の西南にデミレ、その東側にデミールタシュの街があり、またデミールカズック山もある。これらの鉄鉱石資源の利用者はミタンニやフリギアと深い関係を持つ東部からの移住者であって、彼らがさらに西部のエーゲ海島嶼地域へと散り、後に各地で鉄冶技術を広めていったものと推測することができる。

〈ホメロス、鉄商人を記述〉

『オデュッセイア』の冒頭第一歌に神話の世界に仮託して、当時の鉄商人の片鱗を窺わせる話が記されている。女神のアテネがいうには、アンキアロスの子でギリシャ西部の航海に秀でたタボス王でもあり、鉄商人のメンテスという名で登場してくる。この商人が「輝く鉄（物々交換用の良質の鉄）を船に積んでテメセに青銅を求めに行くところ」と述べている。しかし残念ながらこの鉄の原産地は判っていない。またこの文面からはどうも正確な交易先が判らないが、ギリシャ産の鉄塊を船に積み込んで取り引きをしに銅の産地キプロス島へと向かっているらしい。異説としては、このテメセをイタリア南部のブルッティム地方の町という推定もあるが、著者にはボルドウム沖の沈船から引き上げた銅塊などを見ると、キプロス行きの船のイメージが強い。

〈ニッケルを含んだ鉄鉱石〉

エーゲ海の島々はエウボエア島のポリチカをはじめ、クレタ島のドラコナ、その他幾つかの箇所で、褐鉄鉱やラテライトにニッケルを含んでいるものの産出がある。ギリシャ本土でもアテネ北西部の珪ニッケル鉱が混じているラリムナ鉄鉱床（最多Ni二・五パーセント）など、そうした性格の鉱石はかなりの場所で見受けられる。したがってこれらを製錬すれば、ニッケルを含有した鉄塊や鉄器ができるはずであるが、しかしその分析値をみると大部分のものが〇・五パーセント前後にすぎず、一パーセントを越えるものはごくわずかである。しかも酸化クロームを二〜四パーセント程度含んでいる。したがってこれらの鉄源では、既発掘の隕鉄製と推定された幾つかの鉄製品を、人間が製錬によって造ったものと認定するにはまだ無理がある。

だからといってニッケル鉱石類を添加したのではは、焙焼したにしてもそれとともに硫黄などの残存不純物が混入されてしまい、脆性などの点で製品の材質低下をきたしてしまう。初期ならそれでも良いのだと言えるかもしれないが、それにしても人工でできたにしては、該当する出土品が希有に等しい。

このあたりがピアスコウスキー博士の提唱する、クロアンサイト添加説・ニッケル含有鉄器の人工説に難点が出されてくる理由であろう。

お断わり　本項を執筆のためイオニア地域を調査に出掛けたのですが、運悪くトールス山脈西部の地で病気に倒れ、エイルディールの病院で大変お世話になってしまい、当初に計画した踏査の目的を十分に果たせませんでした。

あとがき――旅の終わりに――

とにかく私はシルクロードという古代文明の大動脈を、十四年間かけてボッボッと歩いてまいりました。異国に点在する古代の鉄との出会いを求めての、点と点を結ぶような貧しい断片的な旅でした。それでも訪れたそれぞれの地で鉄だけでなく、偉大な英雄豪傑たちが残した華々しい栄光を示す建造物や、禿鷹《はげたか》が啄《ついば》む死屍の散乱、虜囚が苦役に流した血涙を偲ばせる、そういった数々の遺跡を目のあたりにすることができました。

古い鉄製品を見ることを中心に回っていたのですが、私なりに遺跡や遺物を見ることができたわけです。それらはほとんどが流星のように現れ、そして消え去っていった歴史上の英雄が、強大な権力に物を言わせてこれでもかこれでもかと顕現した、その結果による所産と言えましょう。それらの巨大な遺跡は人影も疎《まば》らな茫漠とした荒野の中にあり、半ば崩れかけ補修のままならないものなどは悄然と佇んでいました。

これらの遺跡は三千年、四千年という時の流れの中で、人間集団の繁栄や衰亡を何度繰り返し目にしてきたことでしょう。豪族たちが永遠不滅と考えて造った大建造物も、長い歴史から見ましたら、泡沫《うたかた》とも言えるわずかな一時だけの煌《かがや》き、栄華の徒花《あだばな》にすぎなかったわけです。

人間の本能はしょせん欲望と闘争の塊りみたいなものです。それを抑制したり解決したりするのが理智なのですが、そこは神ならぬ生身の人間、理屈通りには中々いかないようです。「驕る者は久しからずで、かつてのギリシャもローマも滅びていった。そして今、国も民族も忘れて上から下まで俄成金の世を謳歌している日本にしても、何のセオリーもなくただ贅沢三昧に走り、大国に右顧左眄ばかりしているのでは、今にこうなるぞというよい見本だろう」と散乱した石柱や日干し煉瓦の壁塊が、行きずりの旅行者にすぎない私に、聞こえよがしにそう呟《つぶや》いているかのように思えてなりませんでした。

バブルは崩壊し対応する政治は貧困を極めて、なす術もなく時間だけが流れていくといった現状、そして人心は荒廃し犯罪が続発して、財物の追及だけに狂奔している今日の世相に、涸れ涸れとした砂漠の遺跡で聞こえてきた、あの囁《ささや》きが今でもしみじみと思い出されます。

鉄は還元によって生まれ、運が良ければ再生もあるでしょうが、まず酸化で滅びていきます。私もどうやら七十六歳、〝鉄の歴史〟追い掛けの人生も、酸化して朽ちはてる時がきてしまったようです。完成を見ることのない鉄の歴史への深い思い入れは、あたかも手の届かぬ清純な恋人に対する、断ちがたい思慕の情のようなものであったのかもしれません。長年月にわたり多くの方々からいただきましたご厚情・ご教示に対し深く感謝申し上げ筆を置きます。

鉄のシルクロード

■著者略歴■
窪田藏郎（くぼた　くらお）
1926年小田原市生まれ。1946年大蔵省普通試験、1949年人事院国家公務員上級職行政職・法律職両試験合格。同年明治大学専門部法科卒業。日本鉄鋼連盟に37年間勤務。富山大学、金沢大学、岩手大学（鉄鋼技術史）、東北学院大学（考古学特殊講義）にて計15年間非常勤講師。金属博物館創立以来25年間参与を歴任。昭和32年以来たたら研究会会員。著書『鉄の生活史』（角川書店）、『改訂　鉄の考古学』『増補改訂　鉄の民俗史』『鉄の文明史』『シルクロード鉄物語』（雄山閣出版）、『図説・日本の鉄』『図説・鉄の文化』（小峰書店）、『製鉄遺跡』（ニュー・サイエンス社）、論文「宇和奈辺陵墓参考地陪冢高塚出土鉄鋌の金属考古学的調査」（『宮内庁書陵部紀要』第25号）や、フランス・ポンタムソンのICOHTECで発表の「17〜18世紀の日本古来の製鉄法」など多数。

2002年2月5日　初版発行

著　者　窪　田　藏　郎
発行者　村　上　佳　儀
印刷所　熊谷印刷株式会社

発行所　東京都千代田区富士見2-6-9　㈱雄山閣
TEL　03—3262—3231　振替00130-5-1685番